A ENERGIA DAS MÃOS

Equilíbrio espiritual e desenvolvimento mental
através da energia das mãos

Matthias Mala

A ENERGIA DAS MÃOS

Equilíbrio espiritual e desenvolvimento
mental através da energia das mãos

Tradução
HARRY MEREDIG

EDITORA PENSAMENTO
São Paulo

Edição	Ano
1-2-3-4-5-6-7-8-9	-95-96-97-98-99

Direitos de tradução para o Brasil
adquiridos com exclusividade pela
EDITORA PENSAMENTO LTDA.
Rua Dr. Mário Vicente, 374 - 04270-000- São Paulo, SP- Fone: 272-1399
que se reserva a propriedade literária desta tradução.

Impresso em nossas oficinas gráficas.

SUMÁRIO

Prefácio 7

A energia das mãos. O que é isso? 11

A percepção da energia das mãos 19

As causas primordiais da energia das mãos 33

Formas da energia das mãos 47

Como medir a energia 65

O uso da energia das mãos 77

Princípios básicos do estímulo da energia 85

A prática do estímulo da energia 99

Exercícios para o estímulo psíquico 107

Apêndice 127

Bibliografia 129

PREFÁCIO

Durante meus estudos sobre a arte da leitura das mãos e da correlacionada quiromancia, a imagem do ser humano vista através das mãos, ponderei também sobre até que ponto as energias espirituais e mentais interpretáveis através das mãos se manifestam unicamente no formato das mãos, e sobre até que ponto também são experimentadas como fluxos perceptíveis de energia.

Assim sendo, dei início a experimentos nesse sentido e logo verifiquei que podia registrar minha disposição psíquica momentânea como um fluxo de energia perceptível nos dedos. Com a crescente compreensão desse fenômeno, aprendi também a lidar com essa energia, de modo a poder influenciar, através da sua manipulação, o meu estado psíquico conforme desejasse.

De início essa descoberta não me preocupou sobremaneira, pois se enquadrava plena e totalmente na minha compreensão quiromântica e, portanto, aceitei-a como uma ocorrência mais ou menos evidente. Entretanto, com o tempo, o surpreendente foi a constatação crescente e desconcertante, na continuação dos meus estudos sobre as várias formas de aplicação terapêutica da energia das mãos, que em lugar algum a energia das mãos, por mim descoberta e considerada comum como tal, era descrita de modo idêntico.

Teria eu me enganado, desde aquela época, na minha observação? Bem, eu poderia, de fato, ter dúvidas, não fosse pela presença de outras pessoas que, sob a minha orientação, me confirmaram o fenômeno da disposição psíquica como um momento quiromântico-energético da sua experiência sensitiva. As últimas dúvidas, quanto à eventual possibilidade de que se tratasse de um fenômeno subjetivo, fruto talvez de sugestão, foram finalmente afastadas por uma surpreendente série de experimentos realizados no Instituto de Fotografias de Alta Freqüência, de Unterschleissheim, junto a Munique. Surpreendente, antes de tudo, pelo fato de nesses experimentos, conduzidos pelo sr. Christian Seidl, haverem sido confirmadas, de modo objetivo, todas as minhas percepções, presunções e meus prognósticos, colhidos em vários anos de observação, de modo subjetivo e empírico.

O que notei outrossim, no estudo das diferentes formas de aplicação terapêutica da energia das mãos, foi o fato de que o modo de atuar dos diversos sistemas, aparentemente também baseado em experiências, podia ser amplamente transportado aos princípios quiromânticos. Essa observação nutre em meu interior a suspeita de ter encontrado a pista, com a descoberta da forma de energia das mãos por mim descrita neste livro, de um segredo tântrico antiqüíssimo, ou seja, o sentido mais profundo e até então oculto das mudras. As mudras são gestos de dedos e mãos ligados a formas, que no budismo esotérico (tântrico), e ali principalmente no budismo japonês, desempenham um importante papel para o adepto no seu caminho à compreensão maior.

O sentido verdadeiro e primitivo dessas mudras permaneceu, no entanto, oculto aos respectivos narradores. Se no século XIX suspeitavam, inicialmente, de uma sabedoria mais profunda e oculta dos monges budistas sobre o efeito místico das mudras, é necessário considerar, hoje em dia, que essa sabedoria, já naquela época, havia sido extinta pelo ônus do mito, mal podendo ser reconhecida. O que sobrou foram gestos ritualísticos extravagantes de elevado teor simbólico, que naturalmente carecem da sua primitiva força espiritual.

Através da transferência da legitimidade da energia das mãos, descrita neste livro, aos gestos de tal modo tornados tradicionais, bem como às formas de aplicação terapêuticas, é possível reavivar e tornar a experimentar o sentido espiritual primitivo de tais gestos e formas; através do que poder-se-á abrir, para aquele que está aberto e receptivo, uma nova dimensão de expansão e de crescente discernimento.

M.M.

A ENERGIA DAS MÃOS
O QUE É ISSO?

Experimentamos a energia, a força, a irradiação e a magia das nossas mãos, de várias maneiras. Em sua forma mais evidente e ao mesmo tempo mais simples, experimentamo-la diariamente como o fator atuante em nosso meio ambiente, no qual damos forma e expressão aos nossos pensamentos através da força das mãos. Nessa forma, a força das nossas mãos, sem dúvida, não se manifesta apenas como uma força física para disposição do nosso espaço vital, mas manifesta-se já aqui — embora apenas indiretamente — a sua força psíquica, com a qual igualmente concedemos ao nosso meio social espaço e estrutura. Em sua forma mais sutil e pura podemos, por outro lado, experimentar a energia das mãos como uma força restauradora e vivificante através das mãos de uma pessoa habilidosa em curas. Entre essas duas formas de expressão quase polares da energia das mãos, ou seja, da inferior fisiológica e da superior espiritual, oscila, unindo-as, a energia mental. Essa é modulada, substancialmente, através do nosso estado psíquico. Essa força adquire uma expressão visível através das nossas mãos no modo com que acentuamos e acompanhamos nossas ações e desejos por meio de gestos e comportamentos. Transmitimo-la de modo sensível e através do contato direto, ao nosso semelhante, no qual se transforma de imediato e de modo inequívoco numa expressão fisicamente experimentada e psiquicamente atuante. É primordialmente dessa força psíquica mental que tratamos neste livro, e é a ela que nos referimos ao falarmos em energia das mãos.

Todavia, a fim de ser possível percebermos esse fluxo de energia das mãos com a sua força total, e que se encontra envolvido pelos pólos opostos em meio ao espectro total da energia das mãos, atuando tanto para dentro e para fora como para cima e para baixo, necessitamos de uma exposição mais completa desse fenômeno.

A cura através da imposição das mãos, essa expressão mais espetacular da energia das mãos, não pressupõe apenas um estado de graça, mas também exige da pessoa um amadurecimento espiritual considerável, ou seja, uma compreensão extraordinária da sua constituição psíquica. A faculdade da cura através da energia das mãos é atribuída, por exemplo, na Bíblia, em primeiro lugar a Jesus, e depois aos apóstolos despertos pelo Espírito Santo (Lucas 4: 40 e Atos dos Apóstolos 8: 18). Antes disso, a imposição das mãos era de natureza profana e considerada como um ato de purificação e de absolvição dos pecados. Assim, Aarão, no terceiro livro de Moisés (16: 21), é encarregado de colocar ambas as mãos sobre a cabeça do bode expiatório, antes que fosse enviado ao deserto. Através desse ato, Aarão finalmente não apenas confessou todas as iniqüidades e pecados dos filhos de Israel, mas também transferiu os mesmos, através da força das suas mãos, ao bode. Exercícios semelhantes, de efeito psicológico libertador e de efeito espiritual purificador, existem ainda hoje, nos quais, evidentemente, para o desvio das dissonâncias psíquicas, é de todo possível evitar-se o bode expiatório. Os exercícios nesse sentido são descritos nos Capítulos relativos aos "Princípios básicos do estímulo da energia" e aos "Exercícios para o estímulo psíquico".

A necessidade de nos livrarmos das tensões psíquicas através das mãos pode ser observada não apenas numa pessoa consciente da sua culpa e que — por falta de um bode expiatório — gostaria de triturar os sentimentos de culpa entre suas mãos fortemente entrelaçadas, esfregando-as lentamente de um lado ao outro, mas também pelo fato de irradiarmos o excesso de sentimentos positivos através das mãos. Um exemplo dos mais patentes nesse sentido é o aplauso, que pode ser forte, desde um sinal amigável de animada adesão, até os aplausos frenéticos em eventos de considerável comoção da alma. Assim como no aplauso, as paixões de outro modo supérfluas também podem encontrar expressão em forma de gestos inequívocos e irradiar energias mentais através das mãos. Nesse sentido, o contexto desses gestos abrange o espectro inteiro da perceptibilidade humana, seja pelos suaves movimentos das mãos que revelam timidez ou afeição, pelas desenfreadas manifestações de frenética alegria, ou por gestos das mãos anunciando uma desgraça e enfatizando sérias ameaças. Nisso, a intensidade da força mental pode ser tão forte a ponto de conseguir a reconciliação de pessoas em conflito, ou de provocar uma contenda.

Essa aptidão de manifestar a profundeza de espírito através do movimento e da posição das mãos, e, do mesmo modo, de nos comunicarmos, é encontrada, por outro lado, também na arte da dança e das peças teatrais burlescas, de várias formas mais requintadas e improvisadas. Aqui os gestos e a energia das mãos que os suporta tornam-se um indicador do estado e da expressão da alma. A mentira e a verdade, a interpretação honesta e a representação superficial tornam-se, com isso, tão nítidas, que não podemos expressá-las com mil outras palavras.

Todavia, não é somente através de gestos que a nossa energia mental se expressa, mas, além disso, igualmente através de sutis estímulos e reações fisiológicas nas mãos. Mãos mornas, frias ou suadas, o tremor dos dedos e outros sinais evidentes são, nessa altura, reações relativamente grosseiras do sistema nervoso. Outras mudanças, como por exemplo o volume variável dos nossos dedos, são tão delicadas a ponto de somente poderem ser acompanhadas por

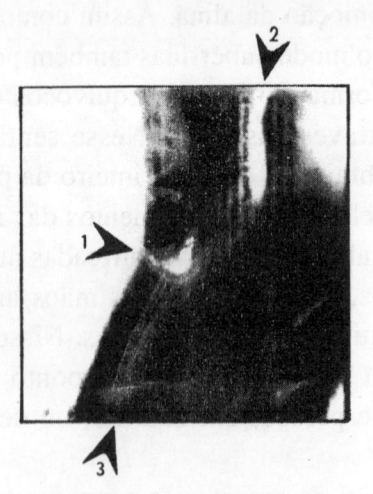

meio de instrumentos. Em testes psicológicos e durante a utilização do detector de mentiras são investigados, com esses aparelhos, tais aspectos fisiológicos da energia das mãos.

Além dessas manifestações, ainda constituídas de matéria mais densa da energia das mãos, vários pesquisadores empenharam-se em tornar visível e, conseqüentemente, em medir também a energia mais sutil das mãos. Desse modo, já no final do século XIX o ocultista Carl Huter conseguiu registrar a emanação luminosa das mãos através de um processo fotográfico. Da mesma forma, o casal Valentina e Semjow Kirlian, cuja técnica fotográfica de alta tensão ficou mundialmente conhecida como Kirliangrafia, conseguiu, em 1938, um resultado semelhante. Evidentemente não é possível registrar, também com esse tipo de procedimento, muito mais do que a irradiação pertinente ao plano bioenergético. Somente num processo adicional mostra-se aqui, através de um processo fotográfico especial, uma qualidade de irradiação adicional, e que pode ser atribuída à energia mental. Somente a fotografia de alta freqüência (FAF), desenvolvida no início dos anos noventa, possibilitou, pela primeira vez sem restrição, a demonstração da energia bioenergética e mental. Trata-se, nesse caso, de um processo Polaroid, no qual se consegue operar com uma tensão baixa de cinco volts, quando na Kirliangrafia se trabalha com até 30 quilovolts.

As fotografias exibidas neste livro foram todas produzidas pelo processo FAF. Na imagem aqui apresentada (Foto) trata-se de um espectrograma da energia do dedo anular da mão direita. A seta l mostra a luminosidade da ponta do dedo colocado sobre o filme. Entre a seta 2 e 3 pode ser observado um nítido eflúvio de energia mental, ou seja, a forma de energia das mãos discutida neste livro. Por detrás da grande mancha branca, no lado esquerdo da foto, esconde-se a aura, isto é, o plano energético causal. Entretanto, podem ser reconhecidas, acima do dedo, intersecções desse plano penetrando no campo energético mental. A fracamente reconhecível estrutura gráfica no plano de fundo da imagem é devida ao material Polaroid empregado, e não tem relação alguma com o restante da exposição.

O fluxo de energia mental reconhecível nas fotos FAF é também perceptível através dos sentidos, sobre o que falaremos no capítulo seguinte. Esse fluxo representa, além das já mencionadas formas de expressão mais ou menos visíveis da energia das mãos, uma energia que se arraiga no fundo da alma. Essa energia brota verdadeiramente da nossa alma, como uma fonte primitiva do fundo de uma montanha. Só que não leva à tona, como essa última, preciosos minerais dissolvidos, mas em vez disso leva consigo, de modo similar, algo daquela profundeza da alma situada por detrás da sensibilidade superficial e sua respectiva expressão emocional. Com essa energia dispomos, literalmente, de uma extraordinariamente refinada sonda com a qual pesquisar o estado da alma.

Pelo que foi descrito até agora, deveria ter ficado bastante evidente que determinados gestos e certas posições das mãos não são apenas uma expressão do nosso estado psíquico, mas que também pode ser deduzido, de modo contrário e baseado em certos gestos e posições das mãos e dos dedos, o estado mental e espiritual de uma pessoa. Desse fenômeno, alternadamente condicionado de disposição mental-espiritual, de energia das mãos e de gestos, podemos também deduzir, no sentido do estímulo, que por meio de um determinado gesto deveria ser provocada uma correspondente ressonância espiritual-mental. E exatamente essa avaliação é considerada através das mudras tântricas. Essas não simbolizam apenas diversos estados de consciência e de experiência relacionados ao contexto da doutrina budista, mas devem levar o praticante, de modo similar, a exatamente esses graus de amadurecimento espiritual. Isso significa que, através do consciente posicionamento dos dedos, numa mudra, a energia mental deve ser modulada de modo a não influenciar eficazmente apenas a psique, mas também agir de maneira sutil sobre o corpo causal e, com isso, na aura. Até que ponto esse último fato é possível, não pode ser mais amplamente pesquisado no contexto da presente obra, e fica, por conseguinte, em suspenso; entretanto, a modulação da energia mental através das mãos e os conseqüentes possíveis efeitos sobre nossa psique constituirão, por outro lado, o tema principal das próximas páginas.

Uma vez que as mudras encerram uma herança cultural de milênios, apresentam-se a nós hoje em dia de múltiplas formas e modos de emprego. Além da sua utilização para fins psicoespirituais, são sobretudo conhecidos aqui no Ocidente como um método de prevenção da saúde e de terapia associada à mesma. Na utilização das mudras sob esse aspecto torna-se evidente que, na maioria dos casos, quase nenhum fluxo de energia mental é percebido. O efeito de cura registrável desses mudras, em contrapartida, deveria, em conseqüência, se desenrolar preponderantemente no plano bioenergético da energia das mãos. Essa observação, por sua vez, permite chegar-se à conclusão de que a ativação do respectivo plano da energia das nossas mãos, através de mudras ou gestos, também depende dos respectivos planos de ação considerados. E, pelo fato de se tratar, no plano de ação aqui examinado, quase que exclusivamente da forma mental da energia das mãos, os aspectos das mudras relacionadas com a saúde serão, daqui em diante, somente esclarecidos de caso em caso. Mas também das mudras tântrico-budistas pode ser apresentada aqui apenas uma parte bastante pequena pois, afinal de contas, delas são conhecidas, pelo menos, mil diferentes variantes.

Para terminar esse trecho queremos mais uma vez chamar a atenção, de um aspecto diferente, para o relacionamento particular entre as mudras tântricas e a energia das mãos aqui discutida. Em verdade, as mudras também oferecem, no mundo budista, um substituto para a linguagem, através da transcrição de estados transcendentes de modo simbólico, e que não podem ser limitados por meio de palavras, por se ocultarem, por detrás dos mesmos, discernimentos de dimensões da mais elevada espiritualidade, muito além do estreito alcance do nosso pensamento. Dessa forma, as mudras e os gestos a elas relacionados, bem como, no final das contas, a própria energia das mãos, são também uma prova da comunicação por meio de uma energia, acima de quaisquer palavras.

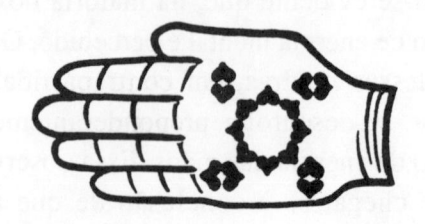

A PERCEPÇÃO DA ENERGIA DAS MÃOS

O fenômeno da energia das mãos descrito no capítulo anterior ficaria sendo, evidentemente, apenas um assunto para especialistas, caso não fosse perceptível através da técnica da fotografia de alta freqüência (FAF). Contudo, o processo FAF é apenas um meio para tornar objetivo aquilo que você pode examinar em si mesmo, de modo subjetivo e a qualquer momento, ou seja, o grau e a qualidade da sua particular e pessoal energia das mãos.

O círculo polegar-ponta do dedo

Para verificar por si mesmo o fluxo e a sutileza do movimento da energia de suas mãos, você necessita apenas possuir uma certa sensibilidade tátil, pois a energia das mãos flui, na maior parte, através dos dedos. Dessa premissa, sua qualidade também é tipicamente registrada através de um círculo polegar-ponta do dedo, no qual o polegar e a ponta do dedo a ser examinado se juntam, formando um círculo.

Como testar a energia

Entretanto, antes de proceder desse modo para examinar a energia das suas mãos, você deveria, primeiramente, sensibilizar novamente o seu sentido de tato. Algumas pessoas são, com efeito, pronunciadamente "sensitivas ao tato" e, na verdadeira acepção da palavra, "tateiam" o seu mundo; elas gostariam, de preferência, de examinar tudo com os dedos, porém, a maioria perde, à medida que se torna mais adulta, o sentido de tato. Isso naturalmente não quer dizer que o seu sentido de tato fica reduzido, mas significa, antes disso, que a sua percepção através do contato perde a relevância na vida diária, tornando-se, efetivamente, um processo inconsciente. As pessoas "sensitivas ao tato", no entanto, mantêm essa faculdade de percepção. São com freqüência pessoas sensorialmente seguras e manualmente talentosas. Não lhes é difícil desenhar, à mão livre, um círculo num pedaço de papel. Tente fazer isso apenas uma vez! Também pessoas que gostam de andar descalças são muitas vezes encontradas nesse grupo. Os "sensitivos ao tato" também denotam freqüentemente uma viva aversão a serem tocados com as mãos. Na maioria das vezes experimentam os contatos como uma ressonância, que nelas perdura por algum tempo, ou seja, a sensação do contato é mantida prolongadamente. Por esse motivo também não é surpresa o fato de possuírem uma memória de contato pronunciada, ou seja, de se recordarem também das suas impressões físicas com relação a eventos experimentados.

Um teste de sensitividade

Portanto, se você não for, por natureza, um "sensitivo ao tato", deveria, para tornar-se totalmente consciente da energia das suas mãos, reaguçar a sua percepção para a sensação de tato. A condição atual do seu sentido de tato poderá ser examinada por meio do teste de sensitividade constante na página seguinte.

Para executar o teste, feche os olhos e passe os dedos — uma vez da mão direita e outra da mão esquerda — sobre o "Quadro de Teste". Tente perceber as áreas impressas. Consegue notar a diferença entre o papel impresso e o não-impresso? Pode localizar algumas das áreas pretas?

Em caso positivo, deveria também possuir a percepção certa para a energia das mãos. Além disso, a sua mão es-

querda, a não ser que seja canhoto, deveria ser a sua mão mais sensível nesse teste. De outra forma, deveria verificar se não é um canhoto reeducado. Nesse contexto, desejamos enfatizar que todos os exercícios e esclarecimentos mencionados neste livro foram ajustados para pessoas que normalmente usam a mão direita. Os canhotos deverão, portanto, invertê-las a fim de não perder o resultado desejado.

Treinamento da sensibilidade

Caso o teste da sua sensitividade não tenha sido satisfatório, você deveria, antes de tudo, treinar o seu sentido de tato. Para isso, feche os olhos e comece a investigar o meio ambiente através dos dedos: tente identificar os objetos pela estrutura da sua superfície; compare estruturas semelhantes, eventualmente a casca de uma maçã e a de uma pêra, ou disponha materiais diferentes segundo sua temperatura. Somente quando estiver novamente seguro do seu sentido de tato, através de um treinamento desse tipo, deveria mais uma vez submeter-se ao teste da página 22.

Para a sensibilização do sentido de tato e, com isso, para o aumento da sua sensibilidade para o fluxo da energia das mãos, torna-se necessário, indubitavelmente, o cuidado das mãos. Para tal não é, naturalmente, exigida a presença de uma manicure profissional, mas em vez disso, o cuidado das unhas e uma porção diária de creme para as mãos deveriam ser atitudes naturais. Essa sensibilização também requer exercícios de flexibilidade dos dedos e das mãos, através do que, além disso, você também mantêm flexíveis a mente e a alma. Os correspondentes exercícios para tal finalidade ser-lhe-ão apresentados no Capítulo "O uso da energia das mãos".

Uma primeira mudra

Um outro passo para o aumento da sua sensibilidade e, ao mesmo tempo, uma primeira aproximação à energia das mãos, é constituído pelo seguinte exercício:

Junte as pontas dos dedos de ambas as mãos. Estique ligeiramente os dedos e mantenha as palmas das mãos afastadas. Estique agora os dedos de modo que suas polpas fiquem suavemente sobrepostas. Em seguida, concentre-se na pulsação das pontas dos dedos. Ao sentir a pulsação, mantenha os dedos ainda juntos por algum tempo. Através desse exercício você também obterá um alívio no caso de dor de cabeça.

Percepção do fluxo de energia

Com o seu sentido de tato renovado você agora está suficientemente preparado para perceber sua própria energia das mãos. Todavia, antes de se concentrar na pesquisa do fluxo da energia mental em seu círculo polegar-ponta do dedo, eis algumas indicações práticas para o seu procedimento.

1. O movimento da energia entre o polegar e o dedo só pode ser sentido através do tato ou, melhor dizendo,

percebido. Portanto, é necessário que você confie totalmente na sua sensibilidade. De modo algum deve tentar conceber ou imaginar o movimento da energia da mão. Isso é evitado, da melhor maneira, aproximando-se do assunto com intenção de curiosidade e dispondo-se a se deixar surpreender, desde o início até o final da sua tentativa.

2. Considere, nesse exercício, que quer examinar o plano mental da energia das suas mãos. Com esse propósito você se abre para essa energia e, ao mesmo tempo, a estimula.

3. Caso inicialmente não perceba nenhuma movimentação no círculo polegar-ponta do dedo, permaneça, assim mesmo, relaxado e não aperte, de modo algum, as pontas dos dedos com mais força. Com isso conseguiria apenas um efeito contrário. De modo geral, a impaciência e o cansaço impedem resultados perceptíveis.

4. Caso a forte tensão ou o nervosismo diminuírem a sua sensitividade, poderá tentar sensibilizar o dedo e o polegar, esfregando suavemente as polpas de ambos uma contra a outra.

Consideremos agora a percepção efetiva da energia das suas mãos. Forme um círculo com o polegar e o dedo indicador da sua mão esquerda. Através desse círculo agora pode fluir a energia. Em condições normais, essa energia flui numa ondulação suave e uniforme. Ela aumenta e diminui de volume rapidamente, em movimentos periódicos. O seu ritmo assemelha-se mais ou menos ao da freqüência da respiração. Tente agora descobrir a direção do fluxo de energia: essa última flui do dedo indicador para o polegar ou do polegar ao dedo indicador?

Repita esse exercício com a mão direita.

Um exercício de percepção

Não desanime caso não constatar o fluxo de energia numa ou noutra direção. A energia das mãos não flui continuamente, mas se mostra em momentos de ação bastante diferenciáveis. Assim, uma vez pode fluir, outra vez se acumular, outra vez ainda pulsar, bem como manifestar-se em várias outras condições. No Capítulo "Formas da energia das mãos" você conhecerá mais sobre o assunto. Assim, caso não tiver constatado nenhum fluxo de energia, faça uma pequena pausa e repita o exercício após uma hora, ou passe para o exercício seguinte, pois é possível que obtenha então melhores resultados.

A energia das mãos é um indicador da nossa disposição anímica do momento. Através dela registramos, de modo físico, mas também de forma subjetiva-objetiva, a dimensão e a qualidade da nossa disposição psíquica. Por esse motivo, a expressão da energia também se altera de acordo com o nosso estado psíquico. Esse processo você pode observar em si mesmo por meio de um pequeno experimento: para isso, imagine dois eventos contrários; num deles você é incontestavelmente forte e poderoso e, no outro, está numa situação em que se sente bastante fraco, pequeno e vulnerável.

Em seguida, forme novamente, com o polegar e o dedo indicador da mão esquerda, um círculo polegar-ponta do dedo. Imagine-se então, primeiramente, na preconcebida situação de força. Durante esse devaneio em sua fantasia de "todo-poderoso", tente perceber o fluxo de energia no círculo polegar-ponta do dedo. Ao perceber esse fluxo de energia, continue registrando-o e, ao mesmo tempo, prossiga com o seu jogo de pensamentos. Interrompa subitamente essa fantasia e coloque-se imediatamente, em pensamento, na situação de fraqueza. Ao permanecer com sua fantasia por algum tempo nessa condição precária, atente para o movimento do fluxo de energia do círculo polegar-ponta do dedo.

Depois disso, termine o experimento esfregando um pouco ambos os dedos um contra o outro e agite a mão por um momento.

Como resultado desse experimento deveriam ter sido constatados, pelo menos, os seguintes movimentos de energia: tão logo se tenha colocado na situação de força, a energia das mãos fluiu, de modo vigoroso, do dedo indicador para o polegar. Após haver invertido o seu pensamento, também se alterou correspondentemente a direção do fluxo da energia da mão, agora do polegar para o dedo indicador.

Uma explicação para o motivo e o significado desse fenômeno a respeito das constatações iniciais encontra-se nos próximos capítulos.

Ao repetir essa tentativa com a mão direita, você registrará o mesmo resultado, porém, talvez com não tanta intensidade. Por detrás desse fato não se oculta, efetivamente, nenhuma forma de hábito criada pelo experimento, mas o fato fundamental de que, como também no sentido de tato,

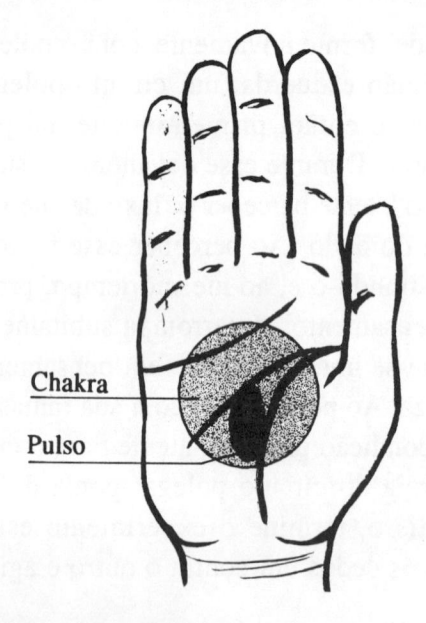

Chakra

Pulso

a mão esquerda freqüentemente reage com maior sensibilidade que a direita. E você percebe, por esse motivo, a energia da mão com maior nitidez.

Exercício de sensibilidade para o chakra da mão

Além dos dedos, outras partes sensíveis das mãos, pelas quais fluem energias, são as suas superfícies internas. São consideradas, de modo geral, como os chakras secundários mais importantes; nelas sente-se o pulso da mão. Você consegue vê-lo pulsar ao manter a mão na altura do queixo, sob uma luz. Na depressão formada pelo centro da mão encontra-se o chakra da mão. A alta sensibilidade dessa área pode ser percebida ao passar-se o polegar da outra mão levemente sobre esse centro. Atente então para a duração desse contato na palma da sua mão! Pois, mesmo que não toque na depressão, poderá sentir o movimento do polegar, assim que movê-lo de um lado ao outro, um pouco acima da depressão.

Você também pode perceber, de forma direta, a energia que se irradia dos chakras de ambas as mãos. Para isso, junte as palmas das mãos e mantenha-as diante de si, mais ou menos na altura da laringe. Os braços devem ser afastados angularmente para os lados. Separe então as mãos, mas mantenha-as ainda tão perto uma da outra a ponto de quase se tocarem. Fique com as mãos nessa posição pelo tempo de três respirações. Em seguida, abra o espaço entre as mãos, aos poucos, centímetro por centíme-

tro, e "prense" novamente o espaço, sem que as mãos se toquem. Já depois de alguns desses movimentos de vaivém, perceberá que está prensando uma substância macia entre as palmas das mãos. Isso já constitui um primeiro efeito do campo de energia que se forma entre os chakras das mãos. Daí em diante, junte as mãos apenas num espaço em que perceba a contrapressão desse campo de energia. Lentamente, o campo energético se expande, deixando que a energia flua de um chakra ao outro e se potencialize. Nisso, o campo energético pode expandir-se, no máximo, na extensão de uma braçada, pressupondo-se sempre a correspondente sensibilidade.

Enquanto, por um lado, sentir uma pressão nas depressões das mãos ao juntá-las, por outro, você sentirá uma certa subpressão ao afastá-las, como se a já mencionada substância estivesse colada e sendo esticada nas palmas das mãos. Por essa razão, "estique" suas mãos apenas enquanto a subpressão não diminuir. De outro modo, você poderia destruir o campo energético constituído e necessitaria recomeçar.

Com esse exercício, você aumenta sua sensibilidade básica para a percepção da energia das mãos, além de estimular, de todo, o fluxo de energia nas suas mãos e, com isso, a sua energia mental. A qualidade de energia perceptível nesse exercício corresponde, a propósito, à energia usada pelos curadores. No Capítulo "Exercícios para o estímulo psíquico" você encontra instruções práticas para a utilização desse fenômeno.

As causas primordiais da energia das mãos

A essa altura do livro, você já deveria estar convencido de que é possível investigar a energia das mãos. Todavia, a fim de controlar essa energia, não basta apenas conhecer a sua existência e, em cada caso registrá-la; é necessário, além disso, compreender as suas causas, pois somente a compreensão do porquê desse fenômeno confere-lhe a capacidade de entender o seu modo de funcionamento e, com isso, de manipular também o seu efeito. Obviamente, o descobrimento das causas da energia das mãos não é tão simples. Apesar de você poder sentir a energia das mãos, essa percepção é, de certo modo, um pouco problemática. Pois, uma vez que a energia das mãos, como expressão do seu corpo mental, é fundamentalmente uma energia de substância sutil, não pode existir, para a sua percepção, nenhuma causa física definitiva, ou seja, nenhum órgão ou reação fisiológica, que possa ser responsabilizado pelo seu aparecimento. Ao examinarmos o porquê, encontraremos, a partir disso, diversas causas, tanto efetivas como fenomenais, que somente através da focalização, se tornam um indício da casualidade da energia das mãos.

A ponta dos dedos

Para fins de registro da energia das mãos podemos responsabilizar, sem dúvida, os corpúsculos táteis de Meissner, dos quais existem, pelo menos, mil em cada ponta de dedo. São formações ovais microscópicas, de células superpostas em forma de lâminas que, por sua vez, são envoltas numa cápsula fina. De um até três axônios (terminais de nervos medulosos e muito finos) arraigam-se nessas cápsulas e retransmitem todo e qualquer impulso de contato. Contudo, com isso já estão esgotados os indícios físicos primários para um possível meio condutor da energia das mãos. Outros indícios da existência do fluxo da energia das mãos já são de natureza secundária, na medida em que a reação do sistema nervoso autônomo é eventualmente aferida através de um pletismógrafo. Neste caso, trata-se do registro da alteração do volume do fluxo sangüíneo nos dedos, baseado em distúrbios psíquicos. Também a medida da resistência galvânica da pele permite conclusões correspondentes.

As zonas de reflexo das mãos

Todas as demais observações das possíveis causas da energia das mãos já são de natureza fenomenológica; primeiramente, são discutidas as ligações biológicas, depois as psicofilosóficas.

Antes de tudo deveria ser mencionada a massagem das zonas de reflexo das mãos. Baseia-se nos mesmos princípios da bastante conhecida massagem das zonas de reflexo dos

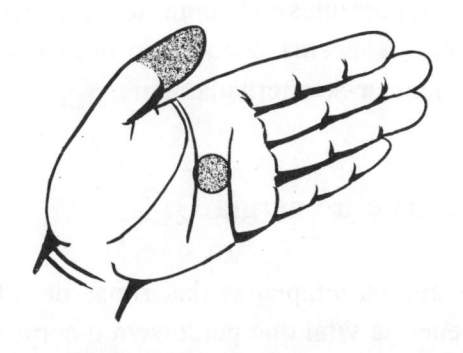

pés. A mão é dividida em diversas zonas, relacionadas de modo reflexivo com determinados órgãos, e cuja massagem permite a remoção indireta de distúrbios físicos. Devem ser enfatizadas sobretudo duas zonas de reflexo das mãos, que também parecem estar relacionadas à energia das mãos. Essas seriam, por um lado, a parte superior do polegar, através de cuja massagem é estimulado o sistema nervoso central e, por outro lado, o centro da mão, considerado como zona de reflexo do plexo solar e, por conseguinte, do sistema nervoso vegetativo. Ambos os reflexos se relacionam, segundo o seu sentido, com a energia das mãos. Pois o polegar, na percepção da energia da mão, é o dedo que, visto de um modo geral, permanece estável, servindo quase como catalisador para a transmissão do fluxo de energia. O centro da mão, do ponto de vista quiromântico, é o plano terreno, o marco ou o ponto de medida do impulso vital da energia da mão. O modo de atuação terapêutica das zonas de reflexo se explica através da suposição de que dez correntes, plenas de energia vital, fluem através do corpo, desde a cabeça até os pés. Essas correntes têm o seu início e término nos dez dedos das mãos e dos pés. Dividem, dessa maneira, o corpo em duas metades de cinco setores ou correntes cada uma, sendo que partes do corpo pertencentes à mesma zona estão mutuamente ligadas, podendo influenciar-se alternadamente.

Os meridianos e a energia Qi

A idéia que os terapeutas das zonas de reflexo fazem das vias de energia vital que percorrem o corpo, assemelha-se bastante à figura humana da medicina chinesa. Aqui trata-se dos assim chamados meridianos, que atravessam o corpo, permitindo dessa maneira relacionamentos alternados entre diversas regiões do corpo. Existem doze meridianos principais, dos quais seis começam e terminam nas mãos. Além dos meridianos principais contam-se ainda oito meridianos secundários e quinze ligações adicionais. Esses meridianos, em conjunto, permitem que a energia vital percorra o corpo, e que todos os órgãos, músculos, tendões, a pele e os ossos sejam providos de energia. Essa energia vital é denominada Qi. É absorvida com o ar da respiração, distribuída no corpo, e a Qi desgastada é novamente expirada. A isso junta-se ainda o conceito do Yin e Yang, no qual são postuladas duas energias em oposição, às quais todas as coisas estão sujeitas, e que são responsáveis por todo crescimento e toda decomposição. Essas duas energias formam um todo e se mantém mutuamente enquanto estiverem equilibradas. Através do fluxo livre e não bloqueado da Qi pelo corpo, a energia Yin-Yang permanece equilibrada e o ser humano sadio. Esse princípio também é a base de exercícios físicos e de terapias, como o T'ai Chi, o Qi Gong, o Kiatsu ou o Kyudo.

O trabalho em conjunto das forças mais sutis

Num sentido, em todo o caso, a energia Qi juntamente com o sistema dos meridianos, iguala-se à energia das mãos, pois também constitui, como essa última, um fenômeno empiricamente perceptível, se bem que não manifesto. Desse modo, pode-se chegar à suposição de que, pelo menos, o aspecto psíquico e somático da Qi também seja um aspecto da energia das mãos.

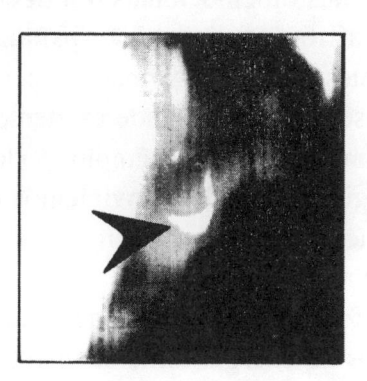

Nesse contexto, fique estabelecido que uma prova física de fenômenos psíquicos, em princípio, sempre é apenas uma prova do efeito. E, como no exame da energia das mãos não investigamos a expressão psíquica, mas o corpo de energia mental, as aparências psicossomáticas são também, no fundo, somente provas secundárias dessa energia. Na consideração da causalidade da energia das mãos não se deve, portanto, deixar de atentar para a sua natureza mais sutil. Desse modo, o corpo sutil do ser humano e seu corpo de matéria mais densa permanecem em comunicação constante mas, apesar disso, cada corpo e cada plano físico — respectivamente, cada plano de energia —, possui também, em si mesmo, a aptidão para o desenvolvimento e desdobramento autônomo. Isso significa, para o corpo mental, que não só os impulsos mentais ou emocionais o influenciam, mas que ele também equilibra a disposição psíquica, embora os impulsos existentes possam se formar independentemente uns dos outros. Desse modo, a vontade existente e premeditada para uma ação malévola, por exemplo, pode ser dissolvida através da energia mental dos movimentos da consciência. Um processo que, no seu todo, é perceptível como alteração qualitativa da energia das mãos.

Através da fotografia de alta freqüência a harmonia dos diferentes planos de energia torna-se visível. Na foto (vide página 35) pode-se ver o dedo anular da mesma mão da foto da página 14 feita apenas dois minutos depois. Durante a pausa a energia mental que fluía do dedo foi reduzida por força de vontade. Através desse processo a irradiação bio-energética diminuiu de contorno, ou seja, perdeu energia. A energia mental, antes claramente estruturada, transformou-se, conforme desejado, num campo difuso e, em conseqüência, originou-se o ponto de transmissão de energia no círculo polegar-ponta do dedo (seta).

Através da observação do ponto de transmissão da energia que, com a prévia manipulação da energia das mãos, sempre é visível na FAF, torna-se mais uma vez evidente que, a energia das mãos é uma energia física autônoma, só limitadamente sujeita a normas. O desenvolvimento desse ponto depende sempre do ponto de contato do círculo polegar-ponta do dedo. A energia de transformação, portanto, somente percorre uma parte mínima dos canais de transmissão, sendo esses canais na irradiação dos dedos, o que nos permite diagnosticar o estado de saúde do analisado.

Prana, a força vital

A observação feita por último também aponta para a Qi e os meridianos da medicina chinesa, igualmente bases do diagnóstico da irradiação pelo método FAF na busca da causalidade da energia das mãos. Em compensação, chega ao nosso campo visual um sistema similar, ou seja, a idéia hindu do Prana que, contrariamente aos conhecimentos prático-empíricos dos chineses, se baseia predominantemente em percepções espirituais. Segundo essa idéia, a força vital flui, em forma de Prana e juntamente com o ar inalado, para dentro do corpo, dirige-se para os centros de energia, os seis chakras, e é distribuída através de canais, os assim chamados nadis, para o corpo inteiro. Como Apana, essa energia finalmente abandona o corpo através dos caminhos naturais de eliminação. O Prana e o Apana constituem forças mutuamente condicionadas da mesma energia, ou seja, de Vayu. Essa energia, a efetiva força vital, por seu lado, não é nem mais nem menos que um aspecto da consciência mais elevada.

O modelo do Prana prevê ainda, além do Apana, três outras formas de condição dessa força vital no corpo. Existiria em primeiro lugar o Samana que, no meio do corpo, cuida do equilíbrio entre o Prana e o Apana, e regula a digestão. Em seguida vem o Vyana, que penetra o corpo inteiro para a manutenção do metabolismo. E, como última função do Prana existe o Udana, situado na laringe, proporcionando energia aos pensamentos e à linguagem.

As ligações das diversas funções do Prana com a energia das mãos, consistem, antes de tudo, no fato de poderem ser coordenadas com as diferentes qualidades da energia das mãos, o que será novamente tratado, de forma detalhada, no Capítulo "Como medir a energia".

Aspectos quiromânticos

A maneira mais eficiente de se fixar a causalidade da energia das mãos é analisar os princípios quiromânticos da arte da leitura das mãos. Não se trata de critérios para a interpretação do futuro através das linhas da mão, mas da constatação filosófica de que o ser humano, em sua essência, é refletido simbolicamente em sua mão. Essa idéia foi confirmada empiricamente através da sua utilização milenar — como também a idéia de Qi e do Prana. Segundo tal filosofia, a

mão, além do cérebro, não é apenas o momento substancial da encarnação, mas também simboliza o estado das energias vitais, mentais e espirituais. A mão é, nesse contexto, a parte do corpo na qual as energias do corpo sutil se fixam primeiramente. Nesse sentido, a mão é uma porção de força vital coagulada e moldada. Com essa energia pegamos e compreendemos não só o nosso mundo físico, mas sutilmente, através das mãos, entramos em contato com uma dimensão transcendental e espiritual.

Para a compreensão causal da energia das mãos é condição que se conheça, sobretudo, a sensibilidade dos dedos, dos seus montes, e do centro da mão, no sentido quiromântico.

Nos dedos se expressam os traços característicos fundamentais do ser humano, em forma de energias essenciais. O efetivo potencial de energia situa-se nos montes dos dedos, ou seja, as elevações carnudas da palma da mão logo abaixo dos dedos. A cada dedo corresponde uma elevação. A energia ali acumulada flui através do dedo, ou seja, ela é irradiada pelo dedo, em conjunto com a movimentação motora da mão inteira, para o mundo físico.

Os *Dedos*, em si mesmos, são subdivididos pelas falanges de modo natural. Cada falange, por sua vez, está subordinada a efeitos individuais no que se refere à transformação da energia dos dedos. A falange inferior representa, particularmente, um aspecto material e físico. A falange do meio atua num plano intelectual, objetivo, enquanto a falange superior apresenta aspectos psíquicos emocionais, mas também age na área espiritual. Essa divisão é sobretudo de primordial importância para a manipulação direta da energia das mãos, como é esclarecido nos parágrafos acerca do estímulo da energia.

O *Centro da Mão*, que você já conheceu como o chakra da sua mão, é denominado plano terreno na linguagem quiromântica. Do aspecto energético, enfeixa três fluxos, ou seja, o impulso motor, a energia emocional e a energia intelectual, num impulso energético único, o impulso de ação. Nesse contexto, o plano terreno também representa a espontânea expressão da vida e um sentimento fundamental de harmonia.

O *Polegar*, catalisador na manipulação da energia das mãos, equivale, no sentido quiromântico, à expressão da vitalidade e ao desejo natural de auto-afirmação. Outras características do seu potencial energético são: a presença física, a perseverança, a força de transformação, a intuição e a emoção primitiva.

O *Dedo Indicador* é o símbolo da força do ego. Esse aspecto de energia determina também as demais características atribuídas a esse dedo: a determinação, a vontade de ação, a manifestação, a auto-afirmação egoísta, a subjetividade, a individualidade, a auto-realização, a vaidade, a autoconsciência, a autovalorização, a ambição, a comunicação, a honra, a vontade de dominar, a liderança, o desejo de conquista, o poder, a agressividade, a presença material, a ansiedade, a capacidade intelectual e a imaginação.

A energia fundamental do *Dedo Médio* é a força da disciplina. Essa determina, por sua vez, as seguintes características atribuídas a esse dedo: a objetividade, o amor pela verdade, a probidade, a compreensão, o sentido de realidade, a sobriedade, o sentimento do dever, a retidão, a adaptabilidade, a responsabilidade, o sentido de justiça, a virtude, a fidelidade, a afeição, a iniciativa, a persistência, a aplicação, a concentração, a resistência, o amor pela ordem, a força de decisão, a vontade de transformação, a criatividade, a interioridade, o fatalismo e a melancolia.

No *Dedo Anular* agem principalmente duas energias, ou seja, a energia dual e a criativa. A energia criativa já é praticamente um aspecto da energia dual, por necessariamente precisar da comunicação, ou seja, de um interlocutor. Os demais aspectos de ambas as energias desse dedo são: a força produtiva, a criatividade, o bom gosto, o desejo de harmonia, a satisfação, a jovialidade, a disposição para contatos, a sexualidade, a parceria, a disposição amorosa, o senso social, a compaixão, a serenidade da alma, a abnegação, o idealismo, o transcendentalismo, a mudança de humor, o desejo por prazeres, a leviandade, o devaneio, a imaginação, a irracionalidade, a intuição, a atenção, a capacidade de observação e a contemplação.

Pelo *Dedo Mínimo* fluem primordialmente energias espirituais, motivo pelo qual lhe são conferidos os seguintes atributos: capacidade de compreensão, capacidade profissional, a capacidade de reconhecimento, a capacidade de abstração, a vigilância, a eloqüência, a capacidade de expressão, a força de comunicação, a capacidade para contatos, a riqueza de idéias, a inspiração, a intuição, o discernimento, a perspicácia, a veracidade, a capacidade de crença, a religiosidade, a ponderação, a compreensão do sobrenatural, a espiritualidade, a transcendência, o autodomínio, o cuidado, a meditação e a abnegação.

Essa enumeração das diversas características dos dedos lhe deverá servir, entre outras coisas, como orientação na percepção e manipulação da energia das mãos. Pois os distúrbios percebidos no fluxo da energia apontam para uma correspondente falta ou excesso de certos traços característicos dos dedos que, no final de contas, são, por sua vez, apenas aspectos de energia da mesma corrente de força.

A qualidade variável da energia mental em cada um dos dedos também é comprovada pela fotografia de alta freqüência. Se a estrutura da imagem do dedo indicador ainda não apontar diferenças ou fluxos, ela adquire, no entanto, crescente expressão e sutileza estrutural na movimentação, através dos demais dedos, inclusive o menor. Também a medicina chinesa nos dá, de certa forma, comprovações das características específicas da energia dos dedos. Pois os meridianos que terminam nos dedos não servem apenas para a indicação somática, mas são também armas para o diagnóstico em casos de problemas psíquicos. Estão associadas com os diversos meridianos características psíquicas que parcialmente combinam, de forma acentuada, com o sentido quiromântico dos dedos.

Os cinco elementos

Por último, desejamos ainda submeter a distribuição dos elementos em cada um dos dedos a uma breve consideração. Destaca-se à primeira vista que os modelos significativos para a energia das mãos apresentam todos diferenças na coordenação dos elementos. Por esse motivo apresentamos a respectiva distribuição dos elementos, antes de tudo, em forma de diagrama (veja a tabela da página 46).

A diversidade da distribuição dos elementos nos respectivos dedos depende, primordialmente, da concepção do tipo de plano energético em cujo campo de ação se encontra a mão. A classificação chinesa dos elementos corresponde fundamentalmente à compreensão quiromântica e aponta, desse modo, para o plano mental. As concepções da Hatha-Yoga e do budismo esotérico apontam, por sua vez, para o plano espiritual. Na Hatha-Yoga, foram misturadas concepções quiromânticas próprias à mesma, com princípios espirituais. O fato de a distribuição dos elementos, no budismo esotérico, ser praticamente contrária à da concep-

Os 5 Elementos	Polegar	Dedo Indicador	Dedo Médio	Dedo Anular	Dedo Mínimo
da medicina chinesa	Ar (Metal)	Terra	Madeira	Água	Fogo
da Hatha-Yoga (Yoga tântrica)	Fogo	Ar	Éter	Terra	Água
do Budismo esotérico (tântrico)	Éter	Ar	Fogo	Água	Terra

ção chinesa, com certeza, não é nenhuma falha. O plano espiritual apresenta o necessário contraste para a energia mental, através do qual a subsistência do Yin e Yang, ou do Prana e Apana, encontra aplicação num plano mais elevado, quase transcendental, para a energia das mãos, no seu todo.

FORMAS DA ENERGIA DAS MÃOS

Na consideração das causas da energia das mãos tornou-se evidente que a compreensão quiromântica da percepção do corpo de energia mental na mão, e especialmente na sensibilidade dos dedos, descreve exatamente o aspecto de energia que desempenha um papel importante na interpretação e aplicação da energia das mãos. Por conseguinte, valerão na futura coordenação e descrição da qualidade da energia das mãos, desde que não especificamente diferenciado, as seguintes classificações:

Chakra da mão = Impulso de ação
Polegar = Vitalidade
Dedo Indicador = Ego
Dedo Médio = Objetividade
Dedo Anular = Dualidade e Criatividade
Dedo Mínimo = Inteligência e Espiritualidade

O chakra da mão

Em princípio, existem quatro escoamentos de energia através da mão, ou seja, através dos quatro dedos. O polegar não conta nesse caso, pois representa, simbolicamente, o recipiente no qual flui a energia excessiva dos dedos, ou seja, do qual os dedos colhem força vital. Todavia, a fonte efetiva da energia das mãos situa-se no chakra da mão. Este está em ligação íntima com o chakra do coração, o chakra Anahata. Enquanto o chakra do coração é representado como um lótus de doze pétalas, o chakra da mão apresenta somente um lótus de oito pétalas. Por conseguinte, é rodeado por quatro lótus de duas pétalas cada, que, por sua vez, estão ligados aos restantes chakras do tronco. Através disso, a energia do chakra

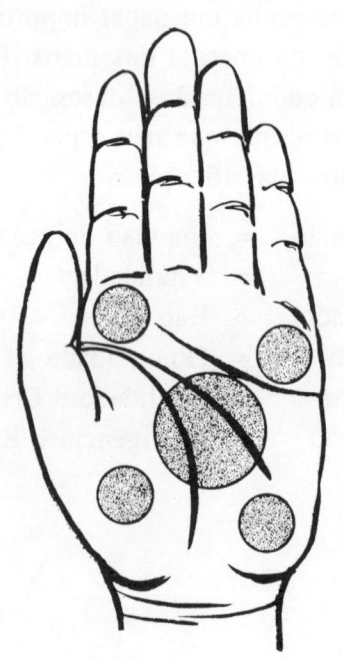

da mão, que é alimentada pela força vital primitiva (Vayu), é mantida em movimento. Desse modo, flui para os montes dos dedos e para os montes abaixo do polegar.

Na mão reúnem-se, dessa maneira, as características dos cinco chakras e nutrem assim a sensibilidade dos dedos. Na sua totalidade, todavia, o chakra da mão permite transformar a energia do chakra do coração com "firmeza de mão", cujo resultado é a realização das atividades através do amor universal. No chakra da mão revela-se também o sentido mais profundo de um dos mais conhecidos Koans. Os Koans são enigmas do Zen que devem ser resolvidos somente através da introspecção, e não pela ponderação. O teor do Koan mencionado é o seguinte:

"Bata palmas e ouça o som de uma mão!"

Esse som é ouvido por aquele no qual se abre o lótus do chakra do coração, pois nesse som vibra o som primitivo do Cosmos, que é produzido sem que seja necessário o choque entre duas coisas. E esse som é simbolizado, de maneira bastante ideal, pela mão aberta, mostrando o chakra da mão, em cujo centro se sente a batida do coração.

Os doze estados de energia

A energia das mãos, estimulada pelo chakra da mão, flui em qualidade diferenciada através dos dedos. No total, você pode perceber, através do círculo polegar-ponta do dedo, as seguintes 12 diferentes manifestações de energia:

1. O polegar e os dedos atuam sem energia e totalmente vazios. A energia que flui, se é que flui, apenas é levemente perceptível, como se estivesse saindo dos dois dedos.
2. A energia se estagna no polegar. Não flui para o dedo com o qual este está em contato, se bem que ali a entrada do fluxo não é bloqueada por força do pensamento.
3. A energia se estagna no dedo encostado sobre o polegar.
4. A energia se estagna, sem força, no círculo polegar-ponta do dedo, como se duas energias de força igual estivessem em equilíbrio.
5. A energia flui do polegar, sem ser absorvida pelo dedo encostado por cima.
6. A energia flui do dedo encostado no polegar, sem ser absorvida pelo último.
7. A energia muda de direção, em curtos intervalos, entre o polegar e o dedo.
8. A energia flui do polegar para o dedo.
9. A energia flui do dedo para o polegar.
10. A energia flui fortemente do polegar e do dedo. Ambos os dedos atuam vigorosamente.
11. A energia pulsa entre o polegar e o dedo.
12. A energia não se movimenta nem pulsa, mas, apesar disso, está fortemente presente.

Os diversos estados de energia que você pode perceber através do círculo polegar-ponta do dedo, naturalmente também estão sempre condicionados à situação, pois refletem, em forma e expressão, a sua respectiva disposição espiritual. Os diversos graus de expressão da energia acima mencionados podem, desse modo, ser qualificados da seguinte maneira:

1. *Sem energia e vazio*: A energia dos dedos e o aspecto estimulante da força vital parecem estar totalmente esgotados. Com tal situação de energia você é confrontado tão logo esteja cansado, resignado ou deprimido, no sentido das características dos dedos. Na maioria dos casos você experimentará esse momento, no círculo polegar-ponta do dedo, com o dedo mínimo.
2. *Estagnação de energia no dedo*: O dedo encostado no polegar não aceita o impulso vital e está bloqueado. Tal momento de energia você experimenta em situações nas quais não pode e não deseja sondar as características do sentido dos dedos, e nas quais sua vida espiritual e afetiva está parcialmente paralisada.
3. *Estagnação de energia no dedo*: O polegar está bloqueado contra o dedo. As características dos dedos não conseguem emitir um impulso vital. Isso você experimentará como uma limitação da sensibilidade dos dedos. Falta-lhe substância e capacidade de expressão.
4. *Sem força e estagnada*: Os dedos bem como a força vital estão em repouso, mas estão presentes e podem ser despertados a qualquer momento. Esse estado de energia você experimenta, antes de tudo, quando se recolhe, do ponto de vista da sensibilidade dos dedos, à sua conchinha de caracol. É uma fase de busca de proteção, de ponderação e de orientação.
5. *Fluxo de energia do polegar*: A força vital não consegue dissolver o bloqueio do dedo. Você fica com von-

tade de se jogar contra a parede. Embora esteja empenhado em dar expressão à sensibilidade dos dedos, está apenas gastando muita energia. O que sobra é superficialidade e irritação nervosa.

6. *Fluxo de energia do dedo*: Em princípio, esta é uma situação parecida com a do item 3. Só que aqui você supera a limitação. Você certamente experimenta a sensibilidade dos dedos, mas naturalmente o faz sem repercussão em si mesmo; é como se pregasse no deserto.

7. *Fluxo de energia alternado*: A energia dos dedos e a força vital encontram-se num estado de excitação, estimulando-se alternadamente. As energias se condensam e ganham presença. Você experimentará essa manifestação principalmente em fases de renovação, mas também quando necessitar superar com obstinação, tanto exterior como interior, as situações impostas pelas características dos dedos.

8. *Fluxo de energia do polegar para a ponta dos dedos*: A energia do dedo é reduzida e o dedo absorve força vital para fortalecer sua energia. Isso acontece, sobretudo, quando necessitar, extremamente, das características dos dedos, ou quando desejar ativá-las ou utilizá-las.

9. *Fluxo de energia da ponta dos dedos para o polegar*: A energia do dedo está plenamente ativada e modifica, por sua vez, a força vital. Tal corrente de energia você registrará, antes de tudo, quando as características dos dedos estiverem sobremaneira presentes e dominarem as ações, ou seja, ao experimentar essas características com força e vivacidade total.

10. *Fluxo de energia forte*: Tanto a energia do dedo como a vital encontram-se estimuladas, com efeito vigoroso. Tal fluxo de energia é sempre registrado quando você estiver plena e totalmente satisfeito com as características dos dedos. É um estado de plenitude e de poder satisfeito.

11. *A energia pulsa*: Tanto a energia do dedo como a vital encontram-se presentes e estimuladas. Esse fenômeno é principalmente percebido quando você está sobremaneira atento, do ponto de vista das características dos dedos; com isso desejamos significar que você antes experimenta do que expressa essas características, ou seja, que se deixa levar pela sensibilidade do dedo.

12. *Energia sem ritmo, mas fortemente presente*: A energia do dedo e a força vital estão totalmente presentes, sem se manifestar exteriormente. No que se refere às características dos dedos, estão num estado de particular atenção; esses são freqüentemente momentos de intensa aprendizagem, que se refere à percepção.

As 20.736 descrições de possíveis estados

Os aspectos psíquicos das doze diferentes qualidades de energia referem-se sempre apenas às características dos dedos encostados no polegar, no círculo polegar-ponta do dedo. Assim, eventualmente o polegar, em contato com o dedo mínimo, poderá ficar totalmente sem energia e vazio e, por outro lado, no contato com o dedo anular, poderá emitir um forte fluxo de energia.

Para a avaliação do estado de energia da sua disposição psíquica você poderá, naturalmente, restringir-se apenas à expressão de energia mental de um único dedo. Porém, assim como a mão é um quadro simbólico total da força vital, também o estado de energia de cada um dos quatro dedos (estado dos quatro dedos) apresenta, somente no seu entrelaçamento, uma imagem real da sua respectiva disposição mental. Através da incorporação da energia das mãos em doze diferentes graus de qualidade resultam conseqüentemente 20.736 possibilidades de se registrar a expressão da energia mental. À primeira vista, isso poderá parecer uma abundância imensa das mais diversas disposições de ânimo; no entanto, no fundo, é apenas uma prova do instrumento finamente diferenciado e sensível que está à nossa disposição através da energia das mãos. Pois, por meio desta, somos capazes de elaborar uma descrição do estado da nossa disposição espiritual e mental, muito além da nossa respectiva impressão de perceptibilidade momentânea e imediata. Além disso, o estado da energia das mãos, no seu relacionamento intrínseco e na sua ligação com o respectivo acontecimento, significa sempre algo extraordinário. Por esse motivo, não é possível relacioná-lo diretamente às demais múltiplas possibilidades de expressão da energia.

Eu gostaria, por meio de três exemplos, esclarecer o significado do estado de energia. Para maior clareza, os números da lista dos estados de energia (vide página 49), foram acrescentados entre parênteses.

Exemplo 1:

Quando iniciei esta obra anotei, antes de tudo, o estado de minha energia:

Dedo indicador = Pulsando (11) e fluindo fortemente (10)
Dedo médio = Forte fluxo de energia para o polegar (9)
Dedo anular = Fluxo de energia do polegar ao dedo (8)
Dedo mínimo = Fluxo de energia para o polegar (9)

Na análise desse estado de energia nota-se, antes de tudo, a inesperada fraqueza do dedo anular em relação à tarefa planejada. Contudo, eram justamente esses aspectos da energia em repouso nas mãos que, em vista da tarefa a ser executada, obedeciam a um desafio especial e, por essa razão, acumulavam força vital. O dedo indicador, por outro lado, jorrava energia, o que leva a deduzir uma autoconsciência extravasante, mas não agressiva. O fato de a energia fluir fortemente no dedo médio era realmente de se esperar. Afinal de contas, ao longo deste livro, uma experiência subjetiva, há séculos não descrita, deverá ser submetida a critérios realistas e ser comprovada. Que também fosse exigida a sensibilidade do dedo mínimo, demonstra-se por si mesmo. No seu todo, é um estado de energia que abrange uma situação cujo começo foi voluntário.

Exemplo 2:

O fato de duas pessoas viverem as mesmas situações, muitas vezes de modo bastante diverso, pode ser notado diariamente em nossos relacionamentos. Quão relevantes podem ser essas diferenças revela-nos, mais do que quaisquer outras palavras, a energia das mãos: num dia ensolarado, mas com muito vento, do mês de agosto, fui nadar com minha esposa, nas águas agitadas do lago Starnberger. Nadamos para o centro do lago a favor do vento, o que foi bastante divertido, mas na volta, ao nadarmos contra as ondas, o divertimento foi bem menor. Na praia medimos a energia das nossas mãos. A seguir mencionamos os dados de ambos, sendo que o primeiro estado de energia é o meu:

Dedo indicador	=	Dedo para polegar (9)
Dedo médio	=	Alternando (7)
Dedo anular	=	Sem pulsação (12)
Dedo mínimo	=	Dedo para polegar (9)

Dedo indicador	=	Dedo para polegar (9)
Dedo médio	=	Pulsando (11)
Dedo anular	=	Dedo para polegar (9)
Dedo mínimo	=	Polegar para dedo (8)

Na comparação dos dois estados pode-se verificar que minha esposa dominou o esforço físico, no qual são sobretudo ativadas as características dos dois primeiros dedos, com maior controle. Em contrapartida, o aspecto mental emocional dessa pequena aventura, visível no estado dos dois últimos dedos, tocou-me um pouco mais. A razão para isso poderá ser que não nado tão bem quanto minha esposa e que, por isso, já me encontrava em certa situação de desvantagem.

Exemplo 3:

O trabalho numa mesa de escritório incomoda a espinha de muitos. Anteriormente, quando ainda não havia ajustado o meu lugar de trabalho segundo os pontos de vista ergonômicos, tive muitas vezes problemas com a minha coluna. A seguir você verá primeiramente o estado de energia quando, por tal motivo, fui visitar um médico, com uma forte e repentina dor na região lombar. Em seguida, está a situação da energia uma hora depois, quando já me encontrava deitado em casa, sobre um travesseiro elétrico, e sem dores.

Dedo indicador = Acúmulo de energia no polegar (2)
Dedo médio = Acúmulo de energia no polegar (2)
Dedo anular = Sem pulsação (12)
Dedo mínimo = Fluxo de energia saindo do dedo (6)

Dedo indicador = Forte fluxo de energia do polegar ao dedo (8)
Dedo médio = Polegar para dedo (8)
Dedo anular = Pulsando (11)
Dedo mínimo = Sem pulsação (12)

Esse exemplo mostra claramente como o estorvo físico restringe a disposição psíquica. É interessante notar como a dor paralisou, quase totalmente, a minha mente, o que é visível através do estado dos dois primeiros dedos, e do mínimo. O estado do dedo anular mostra o comportamento típico da compensação da dor, ou seja, retraindo-se na sua sensibilidade existencial para quase observar a si mesmo de um nível mais elevado. Depois do alívio da dor, uma hora depois, os dois primeiros dedos, mormente o indicador, carregaram-se novamente com força vital; eu estava, portanto, a ponto de recuperar minha presença de espírito. A situação energética dos outros dois dedos ilustram como eu, através de um recolhimento interior, apoiei a fase da recuperação.

Os valores absolutos de energia

Os números acrescentados ao respectivo estado de energia, da lista dos estados de energia (vide página 49), nos três exemplos acima, não são uma mera estimativa, mas também podem ser entendidos como números de classificação. Os estados mais densos de energia se relacionam com os valores menores, enquanto os estados de energia mais elevados são também relacionados com os valores mais altos. Tais valores energéticos ganham significado na avaliação de um estado de energia, sobretudo quando você deseja calcular o valor dos quatro dedos, ou o valor energético absoluto (VA), que abrange a soma dos valores energéticos dos quatro dedos mais longos da mão. Dessa forma, você obtém uma faixa de valores energéticos absolutos, entre 4 e 48.

Essa faixa é, por sua vez, dividida em três setores. Desse modo, os valores menores descrevem, sem dúvida, estados de fraqueza mental, enquanto os valores médios estão ligados a situações ativas e de nítida presença de espírito. Por outro lado, os valores mais elevados mostram um estado de energia no qual estamos em contato com esferas espirituais ou, pelo menos, "elísias". Os respectivos valores limítrofes entre os diversos setores situam-se nos números 26 e 42 para o valor dos quatro dedos. Desse modo, resultam as seguintes faixas:

4 – 26	=	Estado de energia fraco
26 – 41	=	Estado de energia ativo
42 – 48	=	Estado de energia espiritual

Na consideração dos valores energéticos absolutos abre-se conseqüentemente um plano adicional para a avaliação do estado dos quatro dedos. Partindo desse aspecto, examine mais uma vez os três exemplos mencionados nas páginas anteriores. Nesse contexto, desejamos enfatizar que, num caso como o exemplo 1, onde dois estados de energia descrevem a qualidade do respectivo estado do dedo, você deve calcular o valor médio para esse dedo.

Uma tabela dos valores energéticos absolutos pode ser encontrada no Capítulo "Como medir a energia".

Acontecimentos em que o valor energético absoluto aponta para uma expansão espiritual, ou seja, nos quais atinge 42 ou mais pontos, ocorrem sobretudo em momentos de quietude e de sinceridade interior. Eu consegui atingir o valor mais alto de 48 pontos, por exemplo, quando tive a oportunidade de ouvir as preleções de Jiddu Krishnamurti, em Saanen, na Suíça. Nessa ocasião, todos os quatro dedos estavam sem pulsação, e a paz vigorosa era, além disso, de extrema intensidade.

O fato de os quatro dedos vibrarem no mesmo estado de energia deve ser avaliado, sobremaneira, como a expressão de uma disposição absoluta e totalmente harmônica. Na maioria das vezes isso nos acontece, por sua vez, em momentos de experiência espiritual e distantes do ego. Dessa maneira eu verifico muitas vezes, nos meus passeios pela natureza, que a energia das minhas mãos, entre o polegar e os demais dedos, pulsa de modo uniforme.

A polaridade das mãos

O estado energético dos dedos da mão esquerda é sempre idêntico ao da direita. Apenas a polaridade das mãos é diferente. A mão direita, ou — melhor dizendo — o seu chakra, possui carga positiva, enquanto o chakra da mão esquerda é carregado negativamente. Essa característica, entretanto, não tem importância para a expressão energética dos dedos. Somente desempenha um papel relevante quando você ativar a energia do chakra da sua mão para fins de cura. Então a mão direita (Yin) se torna a mais forte, mais energética, enquanto com a mão esquerda (Yang) são desviadas as energias problemáticas. O objetivo do curador é provocar um equilíbrio da energia na parte prejudicada do corpo.

As seis mudras de Buda

Uma vez que a expressão energética de um dedo está intimamente relacionada com a sensibilidade dos dedos, na quiromancia, a posição em que mantemos os dedos, na maioria das vezes inconscientemente, também nos revela um pouco sobre a nossa respectiva disposição psíquica. Atente para o dedo que costuma esconder na mão, para aquele que estimula com o polegar, ou para aquele que costuma apontar destemidamente para o mundo. A fraqueza, a falta ou o excesso de energia, já ficam, desse modo, evidentes. Também as posições repetidas das mãos revelam-lhe muito sobre a sua utilização básica da energia, ou seja, em relação a si mesmo. Desse modo, por exemplo, muitos dobram o polegar para reprimir sua força vital, ou esfregam o polegar e o indicador num gesto a significar dinheiro, e para proporcionar à sua energia mental uma densidade material.

Justamente os gestos mais complexos e inconscientes revelam-nos também algo em relação às nossas necessidades. Quando alguém eventualmente entrelaça as mãos sobre a cabeça, pode estar buscando clareza e concentração mental. Ou, quando alguém costuma apresentar as palmas das mãos, de modo acentuado, poderá estar se sentindo totalmente em casa, ou tentando ocultar sua insegurança atrás desse gesto destemido.

Tal gesto de falta de temor, ou seja, a palma da mão levantada e dirigida para a frente é, a propósito, uma das seis mudras que representam Buda. Essas mudras representam, de modo simbólico, aspectos decisivos da doutrina budista. Dessa forma, também os subsídios para a aplicação da energia das mãos encontram a sua maior perfeição. A parte preponderante dessas seis mudras é constituída de gestos simples. O que contém mais camadas é o gesto que põe em andamento a roda da doutrina (vide figura abaixo).

Essa mudra foi criada por Buda durante sua preleção sobre "As quatro verdades nobres da vida", no Bosque das

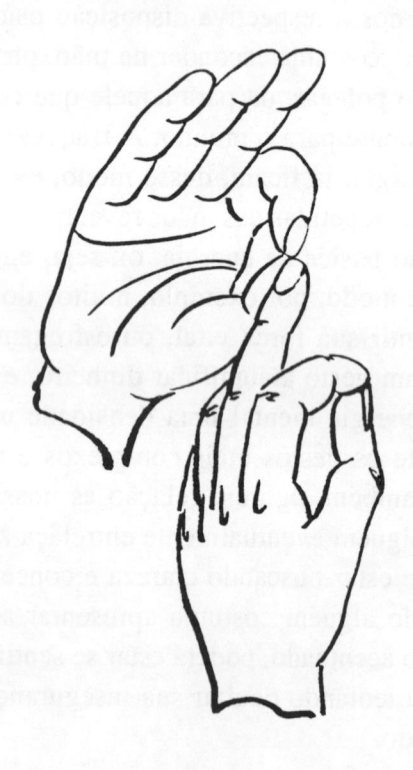

Gazelas de Benares. Foi o seu primeiro discurso após ter sido iluminado, e nele formulou a essência da sua doutrina sobre o aspecto do sofrimento da existência humana e da sua possível abolição:

Esta, caros monges, é a verdade sagrada do caminho para a abolição do sofrimento: é o caminho sagrado, de oito passos, denominado: crença correta, decisão correta, palavra correta, ação correta, vida correta, empenho correto, pensamento correto e introspecção correta.

Com o polegar e o dedo indicador ele formou um círculo polegar-ponta do dedo, mantendo a mão direita um pouco mais elevada que a esquerda. Com o dedo médio da mão esquerda ele deu impulso à roda da doutrina, encostando-o na junção do círculo polegar-ponta do dedo da mão direita.

Esse gesto simboliza que a energia objetiva (dedo médio) supera a energia vital subjetiva (círculo polegar-ponta do dedo). Através dele, o aspecto subjetivo se transforma em espiritual, e as energias mentais do dedo anular e do mínimo se unem no dedo indicador: isso é iluminação!

Como expressão adicional, essa mudra mostra a mão direita levantada, divulgando a doutrina no mundo. Através do dedo médio, adquire validade e é finalmente desviado e suprimido através da mão esquerda, em posição mais baixa. Nessa totalidade, essa mudra simboliza o eterno fluir e perecer, ou seja, o significado de Dharma. Esse gesto, nesse sentido, indica exatamente aquilo que não pode ser descrito melhor por meio de palavras.

COMO MEDIR A ENERGIA

O modo de proceder, ao se medir a energia das mãos, e as impressões a serem registradas do círculo polegar-ponta do dedo, constituem apenas aparências superficiais de um processo de ação muito mais profundo. Ao medir a energia das mãos, você sonda as profundezas da alma e entra em comunicação direta com o seu corpo energético mental. Mas, com isso, você também toca na sua força vital primitiva.

As cinco funções do prana

Essa força primitiva, Vayu, representa um aspecto de energia da consciência pura e não dividida e é, por assim dizer, a centelha divina em nosso interior. A Vayu atua, em forma de Prana, de modo quíntuplo em nosso corpo. O seu diferente modo de atuar também se faz notar como uma expressão energética diferenciada através dos nossos dedos. Nesse caso, trata-se exclusivamente de valores energéticos que estabelecem um estado de energia ativo, por conseguinte espiritual.

O *Prana* é o primeiro aspecto atuante. Também é assim chamado para designar a energia Vayu como um todo, em relação ao corpo humano. É a energia da respiração e do coração, que absorve força vital. A sua função de Prana é a assimilação. Como expressão energética, é perceptível no círculo polegar-ponta do dedo como um fluxo de energia do polegar ao dedo (VA 8).

O *Apana* é o aspecto seguinte. É o contrário do Prana, e representa o fluxo respiratório dirigido para baixo. Cuida do escoamento. A sua função de Prana é a eliminação. Corresponde, por esse motivo, ao fluxo de energia do dedo para o polegar (VA 9).

Como terceira função existe o *Samana*. Dirige a ação alternada das duas primeiras energias. Situado na região umbilical regula a assimilação e reabsorção alimentar. Sua função de Prana é a assimilação. Sua expressão energética é a de difusão (VA 10).

Vyana, como a quarta energia, penetra o corpo inteiro e envia a força vital até o último poro. Sua função de Prana é a distribuição. Como expressão energética no círculo polegar-ponta do dedo, Vyana pulsa entre os dedos (VA 11).

Udana, a última energia, se relaciona com a garganta. É o Vayu que sobe à cabeça e que nivela o caminho para a transcendência. A sua função de Prana é a fala. A sua expressão energética é vigorosa, sem pulsação e sem movimento (VA 12).

Condições para medir a energia

Para medir apropriadamente a energia das mãos no círculo polegar-ponta do dedo, segundo a exposição acima, não é conveniente aproximar-se da mesma do aspecto da densidade material. Afinal de contas, trata-se, no caso dessa energia, do aspecto mental de uma energia absoluta que estamos investigando. Desse modo, necessitamos também abrir-nos à mesma de uma maneira mental. Com isso queremos dizer que você poderá perceber a verdadeira natureza da energia das mãos o mais cedo possível, tão logo se aproxime dela com atitude de observação passiva, ou seja, menos atenta do que um caçador à espreita e, por conseguinte, um pouco mais alerta do que um pescador perseverante. Focalizar em vez de concentrar, deveria ser, portanto, o seu lema ao fazer a medição no círculo polegar-ponta do dedo. O fato de a expressão energética ser igual em ambas as mãos já foi mencionado no capítulo anterior. O que eventualmente poderia ser diferente é a intensidade da energia. Na mão esquerda age freqüentemente com mais força e parece ser mais nítida do que na mão direita. Por esse motivo, a mão esquerda também é mais apropriada para a verificação do estado de energia.

O círculo polegar-ponta do dedo é quase sempre o ponto inicial para o registro da energia das mãos. Portanto, atente para uma correta ligação dos dois dedos. O polegar e o dedo devem tocar-se pelas pontas, e não pelas polpas dos dedos, pois somente assim formam um círculo quase perfeito e através do qual pode fluir a energia das mãos. Unhas demasiadamente compridas naturalmente não permitem tal posição. Fica-lhe então apenas a escolha entre cortar as unhas ou contentar-se com resultados de medida menos precisos. Por outro lado, as unhas muito compridas podem se transformar num verdadeiro obstáculo ao estímulo da energia.

Por vezes também ocorre que não aparece nenhuma sensibilidade para a energia do círculo polegar-ponta do dedo. Nesse caso, molhe as pontas dos dedos com a língua, pois isso muitas vezes produz milagres. Todavia, caso esse milagre não acontecer, deverá novamente sensibilizar o seu sentido de tato. Freqüentemente, basta apenas esfregar suavemente as polpas dos dedos.

Onde medir a energia?

Toda medição é relativa. Aquilo que foi medido somente adquire peso e medida em relação a critérios fixos. Todavia, o que poderia constituir um meio de avaliação constante na medida da energia das mãos? Bem, poder-se-ia medir a qualidade da energia das mãos pelos valores de energia absolutos e, com essa finalidade, escolher como critério os extremos de 4 ou 48, ou o valor médio de 24.

Porém, esses valores de energia absolutos seriam uma unidade de medida bastante inflexível, pois não consideram o estado de energia pessoal médio. De um modo geral, a média total, também chamada normal, é sempre um bom meio de avaliação. Obviamente, isso seria contrário ao sentido mais profundo da energia das mãos, caso a medida assim tomada não fosse mais do que uma comparação com o normal. Ela equivaleria a um desrespeito pela energia mental de cada pessoa. Pois, mesmo sendo a energia mental apenas um aspecto da energia total e, por esse motivo não representa uma expressão individual, não obstante é uma energia atuante na comprovação individual do caráter.

O medidor da graduação da energia das suas mãos, portanto, só pode e deve partir do seu estado pessoal normal.

Uma mudra de teste

Uma mudra simples revela se você se encontra, de um modo geral, num estado equilibrado e harmônico ou não.

Para fazê-la, junte as palmas das mãos como se fosse rezar, mantendo-as na altura do peito. Estique levemente os dedos assim juntados e, simultaneamente, separe as palmas das mãos logo depois, mantendo os dedos esticados de forma a somente se tocarem pelas pontas. Agora, volte as mãos para dentro, de modo que as pontas dos dedos apontem para o seu corpo.

Observe as pontas dos dedos. Pontas vermelhas, cheias de sangue, representam um sinal de harmonia. Por outro lado, as pontas pálidas significam que você vivencia a sensibilidade dos dedos de forma desarmônica.

Essa mudra, além disso, constitui um exercício ideal para treinar a elasticidade dos dedos e para estimular a expressão energética das suas mãos antes de medir o estado de energia.

O exame da vitalidade

Na busca de critérios adicionais da própria energia das mãos, que se prestem para estabelecer um padrão pessoal, o polegar desempenha um papel preponderante. O polegar, símbolo da força vital, distinguido adicionalmente através do elemento Ar, é a força vivificante dos demais dedos. Na Grécia antiga era definido como a contramão; e, de fato, só através dele os outros quatro dedos adquirem o seu significado. Pois o polegar se equipara na medição, como também na manipulação da energia das mãos, a um catalisador, através do qual a energia adquire sua expressão sensível ou o impulso formador. Assim, o polegar é, na realidade, também o elemento com o qual podemos fixar, de modo mais justo, um estado normal pessoal. Uma determinada expressão do dedo, em certas condições, ainda pode ser perfeitamente normal, mesmo se apresentar valores extremos, enquanto já com valores médios sai nitidamente fora do padrão. O parâmetro para se saber isso é o polegar, com o qual os valores dos dedos são relacionados.

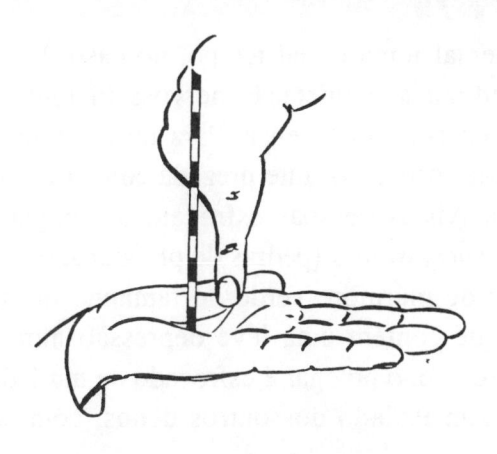

Medir a energia do polegar significa, basicamente, submeter a energia mental a um exame de vitalidade. Para executar essa prova, mantenha o polegar direito a uma distância de cerca de meia unha sobre o chakra da mão esquerda. Movimente então o polegar levemente de um lado para o outro. Tão logo esse movimento provocar um ligeiro formigamento na palma da mão, feche os olhos e levante lentamente o polegar. Todavia, continue com o movimento, mantendo o eixo na direção do chakra da mão. Assim que o formigamento na mão terminar, pare o exercício, abra os olhos e avalie a distância entre o polegar e a mão.

A distância normal é de cerca de um comprimento de polegar. Se a distância for maior, a sua força vital momentânea está acima da média. Todavia, se a distância for inferior a um comprimento de polegar, isso significa uma fraqueza constitucional da sua energia mental.

A força vital demasiada ou escassa no polegar é igualmente problemática. Enquanto, na escassez, a regeneração física e mental toma o seu tempo, no caso de um excesso pode-se reduzir a inquietação nervosa inerente através do desvio da energia do polegar. Para tal existem vários métodos, e uma forma bastante prezada constitui uma tradição na Irlanda. Ali as pessoas esfregam o polegar nas assim chamadas *worry-stones* (pedras de preocupações). Essas são plaquinhas de mármore verde do tamanho de uma moeda grande e que contém uma leve depressão num dos lados. Nessa depressão, o polegar é esfregado de um lado ao outro, ficando assim isolado dos outros dedos, com sua energia excessiva.

O exercício por mim sugerido, em lugar desse, encontra-se no Capítulo "Exercícios para o estímulo psíquico".

Como medir a energia das mãos

Com o polegar, além da força vital, você também pode medir a energia do chakra da mão. A irradiação a ser aqui registrada lhe revela algo sobre a sua energia de ação fundamental. Contrariamente à força vital do polegar, por meio da qual reconhecemos a intensidade fundamental da energia das mãos, aqui é abarcada a potência com a qual você pode proporcionar à expressão energética mental das suas mãos uma forma de valor no seu ambiente social.

Para examinar essa energia de ação, passe o polegar direito numa distância de cerca de um comprimento de polegar sobre o chakra da mão esquerda. Mantendo a mão direita aberta, você sentirá com maior nitidez o fluxo de energia do chakra da mão. Senti-lo-á como uma ligeira resistência, mormente na parte inferior do polegar, tão logo movimentá-lo de um lado ao outro sobre o meio da mão. Passe o polegar sobre a palma da mão inteira, pois assim perceberá toda vez a passagem ao cruzar o fluxo de energia. Depois disso, movimente o polegar, em curvas suaves, cada vez mais para cima, até o ponto em que terminar a sensibilidade da energia do centro da mão. Em casos normais, esse ponto se situa a cerca de um palmo sobre o chakra da mão. Caso a energia de ação continuar para cima, então sua potência de ação material também é maior. Caso o ponto culminante ficar mais próximo da mão, a energia das mãos fica mais limitada a uma ação interior.

Para o seu perfil de energia pessoal, que finalmente lhe deve servir como padrão de comparação para todas as alterações da normalidade, você não deve se apropriar irrefletidamente dos valores médios gerais indicados. Antes disso, meça sua energia de ação e a vital em ocasiões diferentes, para situações extremas, mas também naquelas que considera normais. Somente o valor médio assim obtido lhe dará um contorno ao seu perfil de energia.

Registro pessoal da energia das mãos

Uma vez que a energia de ação, bem como a força vital, são apenas aspectos da energia das suas mãos, é necessário que também amplie o seu perfil energético para o estado de energia dos seus dedos. Para isso, entretanto, não lhe serve nenhum dos valores médios. Em vez disso, deveria ficar observando a energia das mãos durante algum tempo. Preferivelmente, crie uma "agenda de energia" na qual anota regularmente suas medições. Registre novamente o seu estado de energia em diversas situações. Além do estado de energia, descreva resumidamente o evento, bem como suas reações físicas e psíquicas.

A fim de manter a supervisão na sua "agenda de energia" você deveria, desde o início, acostumar-se a usar, para fins de registro do estado de energia, somente os pictogramas utilizados no quadro constante no fim deste capítulo. Nesse quadro estão mais uma vez resumidas todas as formas registráveis da energia das mãos. Além disso, constam ainda dois outros estados de energia ainda não mencionados. Trata-se, nesse caso, de sinais de movimentação e de potência da energia dos dedos. Pois, tão logo você medir regularmente a energia das mãos, verificará que a energia no círculo polegar-ponta do dedo é freqüentemente de intensidade bastante diversa. Todavia, os sinais previstos para isso somente deveriam ser utilizados quando a movimentação e a intensidade da sua expressão energética desviar, de modo claramente reconhecível, do habitual.

Através do acréscimo da energia de ação e da energia vital, bem como dos sinais de intensidade e do valor energético absoluto, a cifra original de 20.736 possíveis descrições de estado eleva-se a vários milhares. O grau de diferenciação, ou seja, de sutileza no qual vibra e reage nosso corpo mental é, conforme já vimos, fácil de ser registrado, mas difícil de ser entendido!

Atribuir também aos diversos estados de energia características psicológicas específicas, como a alegria, o amor, a inveja, a tristeza, o medo ou a compaixão, não é possível.

Assim, duas disposições anímicas diferentes podem, sem dúvida, apresentar um perfil energético similar. Uma certa orientação para tanto já é proporcionada pelos valores energéticos absolutos, que tornam visíveis a densidade material ou a extensão espiritual. Somente através da anotação regular de expressões energéticas condicionadas a situações, você, com o tempo, também obtém perfis dos quais poderá interpretar estruturas psicológicas básicas, como por exemplo suas reações mentais à tensão.

Esses modelos completam o perfil energético da sua mão normal e formam, desse modo, o quadro rico em facetas da sua mão padrão bastante pessoal, que somente permite uma avaliação graduada do respectivo estado energético através da sua multiplicidade.

A seguir mostro-lhe, como exemplo, o perfil da minha mão normal, em forma de anotações pictográficas. Pode-se notar que o valor energético absoluto é relativamente alto. Isso significa, como é usual nesses casos, que fortes desvios do normal deverão ser registrados com maior freqüência que habitualmente, e que, portanto, o alcance da expressão mental, no seu todo, é mais amplo.

Dedo indicador	: △	Força vital	: ∅+
Dedo médio	: −	Energia de ação	: ∅
Dedo anular	: +	VA (valor abso-	
Dedo mínimo	: ⊠	luto de energia)	: 38

	Valor absoluto de energia (VA)	Pictograma	Estado energético perceptível
FRAQUEZA	1	O	totalmente sem energia
	2	⊖	sem energia, acumulando no polegar
	3	⊖	sem energia, acumulando no dedo
	4	⊖	sem energia, acumulando em ambos os dedos
	5	▷	fluindo do polegar
	6	▶	fluindo do dedo
	26	Valor limítrofe dos quatro dedos	
ATIVIDADE	27	Valor limítrofe dos quatro dedos	
	7	~	direção de fluxo alternada
	8	−	polegar ao dedo
	9	+	dedo ao polegar
	10	X	fluindo de ambos os dedos
	41	Valor iimítrofe dos quatro dedos	
ESPIRITUALIDADE	42	Valor limítrofe dos quatro dedos	
	11	△	pulsando
	12	△	pleno de energia, sem pulsação e movimento
	Energia de ação ou vital		
		∅	normal
		−∅	abaixo do normal
		--∅	muito abaixo do normal
		∅+	acima do normal
		∅++	muito acima do normal
		>>>	fluxo energético rápido
		...	fluxo energético lento
		□	fraca intensidade de energia
		■	forte intensidade de energia

O USO DA ENERGIA DAS MÃOS

Assim como o estado energético da nossa mão pode mudar por vezes de segundo em segundo, com nossa disposição físico-espiritual, assim a energia das mãos, por outro lado, age constantemente no nosso meio ambiente, seja através da ação concreta, de sinais inconscientes, ou por meio de mudras diárias e conscientemente formadas. Existem muitas dessas posições de mãos que, por serem tradicionais, quase não são reconhecidas como mudras, na sua singularidade. Por exemplo, no Brasil, costuma-se apertar o polegar entre os dedos ao desejar sorte a outra pessoa. Nessa mudra, o polegar perde rapidamente a sua força vital, como você já pode comprovar por si mesmo. Assim pode-se notar que, quando alguém aperta o polegar desejando sorte a outra pessoa, está realmente sacrificando sua força vital.

Nos países de língua anglo-saxônica usa-se, em vez disso, cruzar o dedo indicador e o médio, como mudra de sorte ("I cross my fingers"). Também aqui sacrifica-se a energia da mão em favor da pessoa cumprimentada, assumindo mentalmente o objetivo da mesma, segundo a sensibilidade dos dedos, e enviando-lhe, para o seu fortalecimento, algo da sua própria força do ego.

Uma mudra de concentração

Para ter sorte necessita-se também da aptidão de moldar nossa sorte. E, como ferramenta para isso, contamos com o dom da concentração, pois quem consegue se concentrar perde menos, principalmente menos oportunidades de agarrar a sorte pelos cabelos. Também para aumentar a concentração existem mudras eficientes.

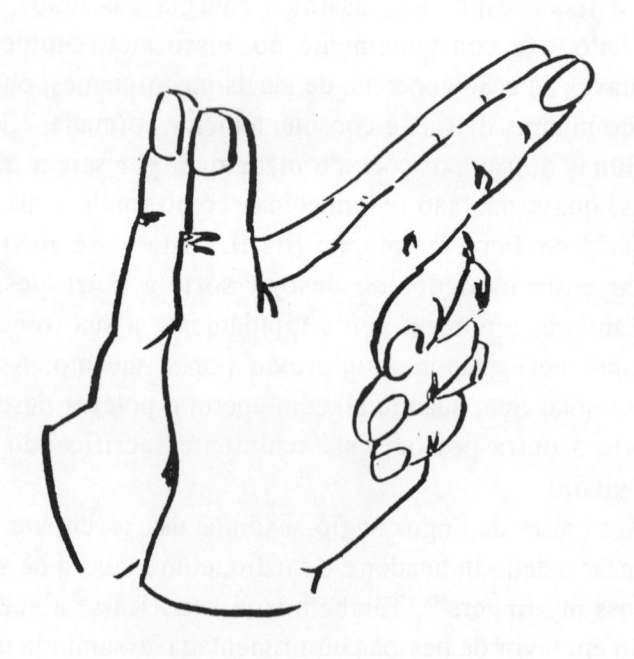

Na próxima oportunidade, tente aumentar sua capacidade de concentração juntando as pontas dos polegares e dos dedos indicadores, mantendo os demais dedos entrelaçados. Sentirá imediatamente uma maior clareza mental. Continue então essa mudra apontando com os dedos indicadores para o centro do seu interesse, o que praticamente o coloca num curto-circuito com a energia do lado oposto.

De modo geral, o hábito de apontar os dedos para outras pessoas está intimamente ligado com a energia das mãos. Algumas pessoas, por exemplo, empregam a energia mental do ego, através do dedo indicador, durante conversas e quase sempre inconscientemente, a fim de dar ênfase às suas ações. Outras, por sua vez, que parecem estar mais voltadas para o domínio espiritual, operam, em vez disso, com o dedo mínimo. Em todo o caso, podemos transmitir energia e fortalecer nossa influência sobre os outros através de um dedo estimulado e irradiante, o que corresponde plenamente à sensibilidade dos dedos. Isso poderá, isoladamente, servir a interesses comerciais, ou ser um sinal de atenção pessoal, mas também pode proporcionar orientação objetiva, bem como influência mental e harmonia espiritual. Através de dedos estimulados e que acolham a energia vital podemos, por outro lado, dirigir essas energias em nossa direção.

A harmonia através da energia das mãos

Quanto menos apoiar sua comunicação, de modo aleatório, através dos dedos e da posição das mãos, tanto mais eficazmente você usará a energia das mãos. Quem, por exemplo, continuar registrando regularmente suas anotações sobre a energia das mãos, não sentirá dificuldade em determinar forças e fraquezas energéticas em situações previsíveis. Através da correspondente manipulação da energia dos dedos ou de mudras apropriadas, poderá equilibrar as suas fraquezas e aproveitar as suas forças de modo adequado. O conhecimento das reações mentais de outros não é importante apenas durante discussões, mas também é igualmente significativo para o próprio equilíbrio espiritual. Através da manipulação dos dedos pode-se também aqui manter a energia fluindo, alterar sua qualidade, e assim dissolver bloqueios. Um fluxo de energia harmônico também impede bloqueios do sistema dos meridianos — por conseguinte, dos nadis, o que, por sua vez, melhora o estado de saúde, de modo geral. A harmonia das mãos é, conseqüentemente, também um sinal de bem-estar psicossomático.

O fluxo energético é sempre harmônico quando as variações entre os valores energéticos absolutos de cada um dos dedos não ultrapassarem quatro pontos. Além disso, os dedos deveriam apresentar estados de energia sincronizados entre si e condicionados a situações, de acordo com a sensibilidade dos dedos. Assim seria incomum, por exemplo, se numa situação de alegria coletiva o dedo indicador apresentasse um valor energético de VA-8, e o dedo anular um valor menor. Tal estado de energia demonstraria então uma sobrecarga egocêntrica e, com isso, alheia à situação.

Uma vez que o corpo mental não reage apenas a acontecimentos, mas é, com freqüência bem maior, uma parte atuante da nossa psique, a nossa disposição momentânea e harmônica é sempre de grande importância, pois ela constitui o impulso do qual se nutre o momento seguinte.

A ginástica dos dedos mantém a alma em forma

Nem sempre é necessário estimular a energia mental através da manipulação direta. Muitas vezes é suficiente, para mudar os pensamentos, interromper o fluxo existente por meio de alguma "ginástica dos dedos", a fim de se abrir novamente para o plano mental.

Bastante reanimador é o seguinte exercício: Junte as mãos diante do peito, como para rezar. Separe então repentinamente as palmas das mãos, deixando as pontas dos dedos unidas. Não é errado se os dedos estalarem nessa ocasião.

Volte em seguida para a posição inicial. Com o polegar esquerdo, aperte o polegar direito para trás e, logo após, repita essa operação em sentido contrário. Em seguida, com o indicador esquerdo, aperte o indicador direito para trás o quanto possível e, logo após, aperte o indicador esquerdo para trás com o indicador direito. Desse modo, prossiga até o dedo mínimo e repita então toda a operação em sentido contrário.

Essa prática de reanimação pode muito bem ser seguida do próximo exercício que aumenta a elasticidade dos dedos e estimula o fluxo energético: forme, sucessivamente, com cada dedo das mãos, um círculo polegar-ponta do dedo. Dessa vez, porém, não junte as pontas dos dedos, mas mantenha a unha do polegar contra a ponta do dedo, apertando-a rápida e fortemente contra o dedo, sem que este se vergue. Dessa forma, aperte todos os dedos das mãos contra as unhas dos polegares. Agindo de modo contrário, coloque então o polegar sobre a respectiva unha do dedo, apertando, dessa vez, o dedo rápida e fortemente contra o polegar. Com essa mudra você, além disso, estimula ligeiramente os cinco chakras do corpo, através do que aumenta o seu bem-estar físico geral.

Crescimento espiritual através da energia das mãos

O conhecimento e a compreensão da energia das mãos torna-se sobremaneira importante nos momentos de desafios diários. Aqui podemos criar coragem com a energia das mãos, obter segurança, proporcionar ímpeto à nossa fala, e nos abrir socialmente para nossos semelhantes. Orientações nesse sentido poderão ser encontradas no Capítulo "Exercícios para o estímulo psíquico". Também a cura através da energia das mãos é uma ocorrência mais ou menos diária. Naturalmente se trata de um aspecto de utilização da energia das mãos que não pode ser considerado no contexto deste livro.

Um aspecto menos cotidiano da energia das mãos é a possibilidade de se atingir uma expansão espiritual através dessa energia. Nas mãos postas para a reza encontramos essa possibilidade na sua forma mais conhecida e ao mesmo tempo mais simples. De qualquer modo, ela constitui, como também a antiqüíssima tradição da transferência da culpa ao bode expiatório, pela imposição das mãos, um comprovante de que determinadas posições da mão e dos dedos não conferem expressão apenas à nossa disposição espiritual, mas também podem possibilitar discernimentos espirituais.

A condição para isso é, evidentemente, uma atitude basicamente espiritual, pois pelo simples juntar das mãos ninguém ainda se tornou devoto. Todavia, se alguém estiver disposto a se abrir para o transcendental, as mudras espirituais agem, no simbolismo próprio a elas, como fontes silentes de energia infinitamente sábia, que nos penetra, fazendo vibrar a alma e o coração, e formando o caráter.

No fundo, a aptidão posta em prática de verificar o nosso estado de energia já constitui uma certa etapa preliminar. Através da percepção subjetiva-objetiva do nosso estado de energia obtemos uma visão simultânea e isenta de emoções daquilo que foi experimentado. Essa visão paralela apaga os limites entre o experimentado e a observação do experimento. Embora isso ainda ocorra de um modo mecânico, mesmo assim resulta num conhecimento, pois o que ficou conhecido registra-se por si mesmo, e o observador se transforma num conhecedor.

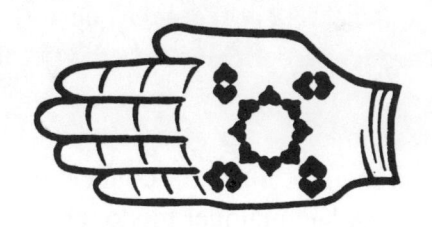

Esse constitui o impulso para o reconhecimento abnegado, o que significa em sua forma concluída, ou seja, vivida, o despertar espiritual. Assim segue o caminho desde a percepção da energia das mãos até o auto-reconhecimento e a estabilidade psíquica, continuando através das mudras para o crescimento e amadurecimento espiritual.

Princípios Básicos do Estímulo
DA ENERGIA

As diferentes qualidades da energia das mãos são o resultado de fatores interdependentes e que se influenciam reciprocamente. Assim, a disposição psíquica e física age sobre a energia das mãos e, por sua vez, essa mesma energia age como um impulso sobre a nossa disposição espiritual. Como isso funciona, você já teve a oportunidade de pressentir através das suas tentativas de perceber a energia das mãos por meio do pequeno exercício relativo à mudança de direção do fluxo energético (página 25). Todavia, aquilo que ali ainda era o resultado de uma imaginação, deverá agora ser conseguido independente da sua capacidade de imaginação. Isso já é necessário pelo fato de que, na maioria dos casos de manipulação da energia das mãos, parece ser requerido um fortalecimento ou uma diminuição concreta da energia dos dedos e, com isso, da sua sensibilidade, e mal se deveria desejar a elaboração intencional de percepções espirituais. Além disso, a verificação do estado normal pessoal ou de uma mão padrão condicionada a situações poderá ser uma meta adicional do estímulo da energia.

O que acontece no estímulo da energia?

Basicamente, a energia das mãos pode ser transformada em qualquer um dos doze possíveis estados de energia; evidentemente, é sempre apenas modulada a energia de cada um dos dedos, através do círculo polegar-ponta do dedo. Nesse sentido, mostrou-se vantajoso um procedimento relativamente esquemático na mudança das diversas formas de estado.

Na maioria das vezes deveria ser desejada, na estimulação da energia das mãos, uma alteração na direção da energia (VA-8 ou 9) no círculo polegar-ponta do dedo. Para tal são ilustrados, por meio dos dois exemplos abaixo, modos de proceder e resultados que, além disso, comprovam o efeito do estímulo da energia de modo objetivo.

Exemplo 1:

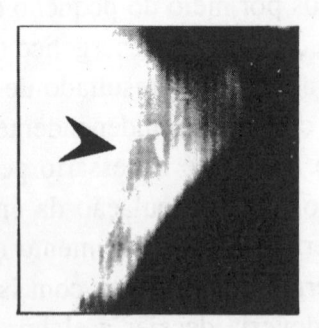

Nas duas fotos você vê o estado de energia do dedo médio da mão direita, fixado com uma diferença de dois minutos através do processo de FAF. A foto à esquerda mostra o estado antes da estimulação. A energia flui do polegar ao dedo indicador (VA-8). A irradiação do dedo é bem visível. O plano energético mental é pouco reconhecível. Na borda da aura notam-se interferências. Após essa fotografia, a energia do círculo polegar-ponta do dedo foi interrompida. Para isso foi suficiente, como em toda manipulação consciente da energia das mãos no círculo polegar-ponta do dedo, apenas a vontade de influenciar a energia no sentido desejado, a fim de obter o efeito almejado. A sensação da energia interrompida nos dedos corresponde aproximadamente aos estados de energia VA-2 até 4; em contrapartida, o acúmulo no dedo interrompido transmite uma sensação de energia saturada. Essa interrupção da energia, naturalmente, dura apenas um instante. Tão logo o fluxo de energia no círculo polegar-ponta do dedo ficou paralisado, esforcei-me em conseguir uma direção de energia alternada (VA-7). Tratava-se de aproveitar o efeito vibratório, a fim de transmitir à energia o outro impulso de direção, do dedo ao polegar (VA-9), o que acontece, de modo geral, quase sempre automaticamente, depois de três ou quatro tentativas de alteração.

O fluxo energético assim alterado foi, em seguida, estabilizado por meio do controle e da aceleração da sua direção de fluxo. A foto à direita mostra o resultado desse estímulo da energia. O plano de energia mental desdobrou-se completamente. A irradiação desapareceu; somente o ponto de transmissão da energia do círculo polegar-ponta do dedo (seta) permite o reconhecimento do lugar onde o dedo médio foi colocado sobre o filme. A mudança de estado da energia ocorreu, portanto, por conta do plano bioenergético, o que deve ser considerado, em geral, como uma comprovação da ação em conjunto dos corpos energéticos mais sutis; e é assim que a receita e a despesa da energia, no cômputo final, não sofre alteração.

Exemplo 2:

O mesmo processo, desta vez na direção contrária, foi então repetido com o dedo mínimo da mão direita. O espaço de tempo entre as duas fotos foi, igualmente, de dois minutos. Na foto à esquerda você vê a irradiação do dedo mínimo, e o plano mental aparece — como exigido pela sensibilidade dos dedos — de forma estrutural múltipla. A energia flui do dedo ao polegar (VA-9). Após a fotografia, o fluxo de energia foi novamente interrompido e, depois de breves oscilações de um lado ao outro (VA-7), a direção do fluxo foi alterada e o fluxo de energia estabilizado.

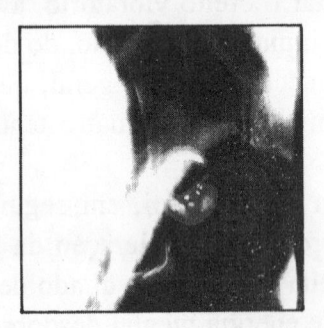 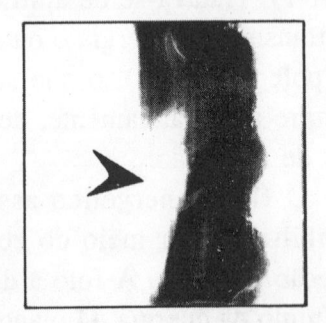

O resultado é mostrado na foto à direita. A irradiação recuou totalmente em favor do efeito desejado. O campo energético mental foi reduzido e perdeu consideravelmente seu contorno.

Como reduzir a energia

Estados de energia inferiores quase não deveriam ser desejados no estímulo da energia das mãos. Se mesmo assim ainda quiser experimentá-los, você deverá, após haver interrompido o fluxo de energia, visar inicialmente ao valor energético (VA-5 ou 6). Antes de reduzir a energia dos dedos, passo a passo, a movimentação do fluxo do polegar ou do dedo sobreposto, no círculo polegar-ponta do dedo, deverá estar extinta.

Antes da imprudente redução da energia das mãos a valores energéticos inferiores a VA-7, devemos alertar igualmente, nesta ocasião, que poderão surgir, por um lado, perturbações físicas, bem como dores parciais ou sensações de frio e calor e, por outro lado, o impulso psíquico transmitido poderá perdurar mais tempo que o previsto, e assim também provocar reações indesejadas.

Como fortalecer nossa energia

De modo geral, o procedimento naturalmente deveria ser o inverso, ou seja, o de estarmos empenhados em transformar estados de energia fracos e inferiores em ativos e mais elevados. Para tanto, existem duas possibilidades de estimular a energia no círculo polegar-ponta do dedo. Ou você envia força vital por tanto tempo, através do polegar, até que essa força flua por si mesma do polegar ao dedo, ou você eleva a energia em etapas, por meio da aproximação, passo a passo, do respectivo valor energético seguinte mais elevado.

Para o último método é necessário ter um pouco de paciência, pois a mudança de um grau a outro não é uma questão de segundos, mas de minutos e, por outro lado, essa transformação, ao contrário do primeiro método, perdura por mais tempo, ou seja, é mais estável no seu todo. Na estimulação da energia das mãos somente através da força vital, acontece freqüentemente que o estado de energia, após a estimulação, decresce rapidamente. Melhor ainda que o estímulo da energia das mãos, em estados de energia fracos e através do círculo polegar-ponta do dedo, é certamente a manipulação direta do dedo, que será abordada no final deste capítulo.

Caso desejar atingir um dos dois valores energéticos espirituais (VA-11 ou 12), a partir da fase ativa, você deverá naturalmente elevar a qualidade energética passo a passo. A elevação da energia dos dedos de valores inferiores a VA-7 até os valores espirituais, deveria, de início, não ser efetuada, pois o estado de esgotamento, que certamente sobrevem, poderia assumir qualidades depressivas.

Como permanecer sensível

Com o crescente discernimento da função e do modo de atuar da energia das suas mãos, também os exercícios de estimulação da energia dos dedos se tornam mais concretos e mais aprofundados. O efeito desses exercícios também é aumentado através da prévia sensibilização das mãos. Tal sensibilização corresponde, simbolicamente, a uma libertação das mãos de carga estática, de bloqueios e resistências, para conferir à energia o seu frescor primitivo.

A forma mais simples e rápida para a limpeza, o desvio e a sensibilização consiste em manter as mãos por alguns segundos debaixo de uma corrente de água fria. Tal procedimento é sobretudo muito eficaz ao fazer experimentos com a energia das mãos, ou seja, ao medir e manipular com freqüência e em curtos intervalos o estado de energia. Na aplicação de exercícios concretos para o estímulo psíquico ou para o uso da energia do chakra das mãos, proceda da seguinte maneira:

1. Agite as mãos por alguns segundos.
2. Esfregue as palmas das mãos uma contra a outra.
3. Bata as palmas esticadas uma ou duas vezes.
4. Feche ambas as mãos e, imediatamente depois, abra-as muito rapidamente.
   Repita essa operação três vezes.

Essa descarga e sensibilização deveria ser efetuada antes de cada exercício de estimulação da energia. Desse modo, você também pode efetuar, numa seqüência, vários exercícios diferentes.

Uma mudra de purificação

Para os exercícios no plano espiritual e, sobretudo, para a aplicação de mudras espirituais, recomenda-se uma preparação especial. Corresponde ao ritual de purificação dos sacerdotes hinduístas de Bali, que o utilizam com a mesma finalidade.

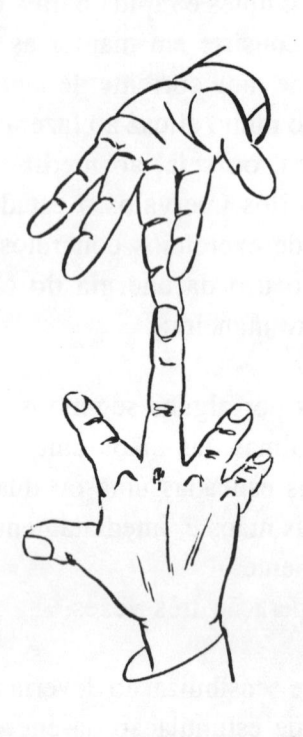

Para isso, coloque a ponta do dedo indicador direito em paralelo com a ponta do polegar da mesma mão. Esfregue então as pontas desses dedos, a partir do centro da mão esquerda, até a ponta de cada um dos dedos, começando pelo polegar. Em seguida, vire a mão esquerda e repita o processo no dorso dessa mão. Depois disso, troque as mãos e repita tudo com as pontas do polegar e dedo indicador esquerdos, na sua mão direita. Para terminar, mantenha ambas as mãos na altura do peito. A mão esquerda deve ficar um pouco mais alta e com a palma da mão virada para fora. Aperte então as pontas dos dedos médios uma contra a outra (vide fig. da página 92).

A pressão do aperto deverá ser tamanha a ponto de vergar esses dedos, enquanto os outros dedos ficam apontando para a frente e para trás, como se fossem tentáculos. Mantenha essa mudra pelo tempo de algumas respirações.

O efeito dessa mudra é que, através dela, o estado dos dedos fica brevemente neutralizado, ou seja, você efetivamente sente a energia em cada dedo, mas não percebe nenhuma movimentação dela. Esse estado de energia assemelha-se bastante ao estado sem pulsação (VA-12), mas não é da mesma vitalidade.

Após a diminuição do efeito inicial provocado pela mudra, aumenta a percepção da energia das mãos, como depois de uma trovoada refrescante; na maioria das vezes aumenta também, simultaneamente, o valor absoluto de energia.

Com essa mudra podemos nos livrar também da depressão mental. Na realidade, a sua aplicação nesse caso também exige um certo grau de amadurecimento espiritual, pois, através da elevação de estados energéticos inferiores, poderão ocorrer prejuízos ("impurezas") no plano espiritual. Para o alívio mental são, portanto, melhores os rituais de purificação tradicionais, como lavar as mãos ou esfregá-las uma contra a outra diversas vezes, desde a raiz da mão até as pontas dos dedos.

Durante a aplicação das mudras no sentido espiritual, e no que se refere ao estado geral da saúde, não ocorre, aliás, nenhum estímulo direto das energias particulares dos dedos. A mudra, por si mesma, age de modo estimulante sobre a energia das mãos e, com isso, sobre a energia mental como um todo. A alteração do estado de energia por meio de uma mudra desse tipo, portanto, não ocorre por conta do plano bioenergético, mas esse último poderá eventualmente beneficiar-se com isso, o que, por sua vez, esclarece o modo de atuar das diversas mudras de cura.

Estímulo sincronizado

Para responder à pergunta se devemos estimular a energia da mão esquerda ou da direita, torna-se decisiva a intenção que perseguimos no estímulo da energia. A mão direita é a mais forte e a que irradia mais energia, enquanto a mão esquerda é a mais suave, absorvendo e desviando a energia. Por esse motivo, a mão esquerda deveria ser estimulada nos processos mais sutis e para fins terapêuticos de longo prazo; enquanto isso, a mão direita deveria ser estimulada para fins de fortalecimento imediato e devido ao seu efeito eficaz e de curto prazo. Estimular a energia de ambas as mãos ao mesmo tempo é de todo possível. Só que esse estímulo sincronizado é um pouco mais difícil. Para registrar os impulsos e mantê-los sob controle, nesse exercício, necessita-se de uma especial paz interior e atenção, o que, por sua vez, pressupõe condições exteriores correspondentes.

A manipulação dos dedos, ou o estímulo indireto

Muitas vezes, por motivos que se situam no próprio estado de energia, a concentração necessária para o estímulo da energia das mãos, por exemplo no círculo polegar-ponta do dedo, não pode ser conseguida. Nesses casos, existe a possibilidade da manipulação direta dos dedos, caso em que o procedimento direto se iguala ao estímulo indireto da energia dos dedos. Nesse caso, a energia das mãos não é mais ajustada diretamente pelo círculo polegar-ponta do dedo para um outro nível, mas recebe apenas impulsos vitais que irradiam ou absorvem energia. Essa manipulação acontece através do encosto de um dedo, na maioria das vezes do polegar, no monte ou na falange do dedo cuja sensibilidade se deseja estimular. No caso de se desejar estimular apenas as características de uma única falange, é preciso manter o polegar transversalmente contra a respectiva falange. Em pormenor, vale o seguinte:

1. Polegar dobrado entre o monte e a falange inferior do dedo = influência na sensibilidade total dos dedos.
2. Polegar na falange inferior do dedo = aspecto físico material, ação concreta.
3. Polegar na falange média do dedo = aspecto intelectual objetivo, estratégia de ação.
4. Polegar na falange superior do dedo = aspecto psíquico emocional, experiência da ação, impulsos espirituais.

Através dessas mudras a energia dos dedos pode ser aumentada ou diminuída, de acordo com o estado de energia do polegar. Com isso, não se visa a nenhuma expressão energética concreta, mas uma alteração geral da disposição. Essas mudras, devido aos seus efeitos suaves, prestam-se muito bem para alterações de estado de longo prazo. Para obter um efeito duradouro, você deveria utilizá-las de três a cinco vezes por dia. Os respectivos exercícios nesse sentido você encontra no Capítulo "Exercícios para o estímulo psíquico".

Como em todas as coisas, você também deveria evitar excessos no estímulo da energia das mãos, pois a punição pela manipulação exagerada dos dedos ou do estímulo energético no círculo polegar-ponta do dedo ocorre de forma dolorosa. Na maioria das vezes isso acontece quando você causa impulsos demasiadamente fortes no fluxo da energia. Poderão surgir câimbras na falange inferior do polegar, estendendo-se para o antebraço e até a região dos ombros.

Mudra: Como proporcionar uma tonalidade à sua mão

Por último, desejo ainda mencionar que você pode também dar prioridade à sensibilidade de um único dedo, antes dos demais, subordinando a expressão energética total da sua mão a ela. Para isso, mantenha o respectivo dedo da mão direita a cerca de um comprimento de unha sobre o chakra da mão esquerda, movimentando-o ligeiramente de um lado ao outro. Antes disso, é necessário, evidentemente, estabelecer, no círculo polegar-ponta do dedo, um fluxo de energia estável para o polegar (VA-9).

Assim como no teste da sua força vital, você aqui também perceberá um ligeiro formigamento na palma da mão. Nesse caso, não remova o dedo, mas continue movimentando-o na mesma distância sobre o chakra da mão. Aos poucos surgirá uma sensação de calor na ponta dos dedos esticados da mão esquerda, à qual se juntará, logo depois, uma ligeira pressão que, por sua vez, aumentará rapidamente de tensão. Ao sentir que a pressão não aumenta mais que isso, e que as pontas dos dedos estão quase "saturadas", termine essa mudra.

A PRÁTICA DO ESTÍMULO DA ENERGIA

Não deve haver menos razões para estimular a energia das mãos a fim de obter um efeito bastante definido, ou para despertar propriedades excepcionais, do que existem infindáveis variantes da expressão energética. Assim, para dar alguns exemplos do meu ambiente, uma mudra matinal para despertar a minha energia mental, faz tanto parte dos meus preparativos para o dia como minha ginástica matinal. Num outro caso, minha esposa melhorou sua eloqüência, há pouco tempo, através da manipulação dos dedos, a fim de enfrentar de forma melhor uma prova oral à qual devia se submeter. A um amigo, que apresentava sintomas de tensão nervosa, recomendei, com sucesso, que diminuísse a energia no seu dedo mínimo. Também tomei por hábito, antes das discussões comerciais, dar impulso à minha força de comunicação através do círculo polegar-ponta do dedo (do polegar ao dedo anular), por meio do que também desaparece a força de eventuais sensações de temor. No caso de eu me dedicar a temas espirituais, ou ao ouvir alguém falando do fundo do coração, harmonizo-me com o plano espiritual através da Mudra Prana-Apana (vide página 123). Da mesma forma, lanço mão, por exemplo durante um vento noroeste calorento, que causa dor de cabeça tanto a mim como a muitos outros habitantes de Munique, da mudra descrita na página 24, a fim de concentrar-me na pulsação dos dedos. Também no caso de outros incômodos físicos menores, concentro-me na energia dos dedos para identificar mudras apropriadas à ocasião. Há pouco tempo ajudou-me, por exemplo, durante uma indisposição estomacal resultante de gripe, a seguinte mudra:

Formei um círculo polegar-ponta do dedo com o dedo médio, mantendo a ponta desse último sobre a polpa do polegar.

Essa mudra, executada com a mão esquerda, eliminou quase que instantaneamente as dores estomacais e, formada com as duas mãos, teve um efeito prolongado de alívio e cura.

Esses foram apenas alguns exemplos que demonstram a naturalidade com que a energia das mãos pode ser introduzida na vida diária, tão logo se conheça e domine a mesma. Bastante vantajoso é o fato de que o seu estímulo pode se dar independentemente de tempo e lugar. Ninguém, por exemplo, notará, durante uma viagem no metrô, que você está aumentando sua força de concentração para uma tarefa iminente, ou que está incutindo coragem a si mesmo, através dos dedos, para em seguida falar com alguém. Mesmo assim, você deveria sempre ter em vista que cada mudra e cada estímulo da energia também representam uma intervenção no seu corpo mental. Já alertamos contra possíveis perigos, na descrição individual das mudras. Além disso, apegue-se aos seguintes conselhos e regras de conduta, e evitará também danos adicionais ao utilizar a energia das mãos:

- Caso utilize a energia das mãos para si mesmo, ou seja, para o estímulo de processos interiores, como a diminuição de sensações de temor ou o fortalecimento da sua perceptibilidade, deverá também sempre considerar a sua mão padrão, condicionada a situações, e dedutível das suas anotações. Não se deve tentar obter desvios demasiadamente grandes desse padrão, devido ao fato de os resultados desejados, na maioria das vezes, não permanecerem estáveis e, desse modo, não satisfazerem as suas exigências.

  Digamos que você se dispõe a meditar, por exemplo, sobre a mão que no momento apresenta um valor absoluto dos quatro dedos de VA-34. Agora você poderá desejar estimular a energia da mão de modo a atingir um valor espiritual de, no mínimo, VA-42. Se tal estímulo tem estabilidade é, naturalmente, duvidoso. Sua meditação tornar-se-ia, provavelmente, um fracasso. Em vez disso, manipule apenas a falange superior do dedo mínimo da mão esquerda, e a sua energia espiritual se desdobrará quase por si mesma durante a sua meditação.

- Além de tais impulsos de curto prazo da disposição espiritual, o uso da energia das mãos também é um meio comprovado no caso de bloqueios internos, a fim de fazer fluir novamente a energia. Esses bloqueios internos podem ser de natureza diversa e, na maioria das vezes, trata-se de pressões emocionais, ou seja, sensações recorrentes indesejadas e sem motivo exterior imediato, que surgem durante eventos similares. No caso de uma problemática resistente como essa, você deveria manter a manipulação escolhida da energia da mão por um espaço de tempo maior, de alguns dias ou semanas, repetindo-a de três a cinco vezes por dia.

Durante esse tempo você deveria desistir, o quanto possível, de outras manipulações. Caso desejar, mesmo assim, conferir acentos adicionais à sua disposição, utilize as mudras estáticas, ou seja, aquelas que não estimulam a energia da mão diretamente ou de modo parcial, como acontece no caso da manipulação dos dedos ou do círculo polegar-ponta do dedo.

- Naturalmente, também podem ser empregadas várias mudras, uma em seguida à outra, para se ter direito a um resultado mais complexo. Nesse caso, as mudras necessitam ser sincronizadas uma com a outra. Estímulos energéticos opostos e controversos num mesmo dedo deverão, por princípio, ser evitados. Não se esqueça também de sensibilizar novamente as mãos entre as respectivas mudras.

- Conquanto não esteja, no momento, dissolvendo bloqueios da energia das mãos através de uma "Terapia de Mudras", poderá também dar à energia das mãos impulsos dirigidos a problemas diversos. Todavia, nesse caso, sobretudo se as mudras não estiverem sincronizadas, você deveria fazer uma pausa de pelo menos meia hora entre dois exercícios.

- Mesmo sendo possível estimular a energia das mãos em qualquer lugar e a qualquer hora, necessita-se também de um certo grau de paz e de isolamento interior para o sucesso do exercício. Todavia, caso faltarem as condições exteriores para isso e você, mesmo assim, ambicionar uma outra disposição mental, deveria se limitar à manipulação mecânica dos dedos.

- Para dar estrutura ao estímulo energético desejado, e a fim de evitar emaranhados, que se originam de exercícios não sincronizados, você deveria, antes de iniciar quaisquer exercícios, obter uma resposta às seguintes perguntas:

Por quê, para quê, quando e o quê?

Por quê? — Você responde a si mesmo a respeito da problemática que pretende remover. Quais as suas particularidades psíquicas ou de caráter que deseja alterar?

Para quê? — A resposta a isso permite-lhe formular a meta que ambiciona. Dê uma resposta precisa e honesta ao seu desejo, pois somente assim poderá influenciar a energia das mãos de modo objetivo. Ao ter encontrado essa resposta, responda mais uma vez à pergunta "Por quê?". Não tenha receio, pois quanto mais exatamente determinar seu motivo, tanto mais eficientemente aplicará a energia das mãos.

Quando e O quê? — A resposta a essas perguntas quase lhe proporciona um plano de treinamento. Estabeleça quando, quantas vezes por dia, por quanto tempo e quais as mudras que deseja empregar. Fixe também os prazos pelos quais deseja controlar o sucesso dos seus exercícios. Isso poderá ser constituído de exames diários dos dedos, em determinadas horas ou ocasiões, mas também poderão ser medições do estado dos quatro dedos, em intervalos maiores ou no final do treinamento.

- Já mencionamos o fato de ser necessária uma certa experiência para o estímulo energético simultâneo nas duas mãos, através do círculo polegar-ponta do dedo. Além disso, você deveria considerar os dois pontos seguintes:

1. Nunca estimule dois dedos diferentes ao mesmo tempo.
2. Nunca estimule dedos iguais ao mesmo tempo e de modo diferente.

Mantendo-se fiel a esses princípios, você evitará reações dolorosas, ou seja, uma perda prolongada de força vital no polegar, acompanhada de sensações desagradáveis.

- No caso de a energia do dedo ser fraca recomenda-se, por princípio, para aumentar essa energia, estimular o dedo, por conseguinte o seu monte, através da manipulação descrita no capítulo anterior.

  Além desse método, que realmente consiste de um fortalecimento geral da energia vital no dedo correspondente, pode-se também estimulá-lo, através de uma mudra específica, para que assimile energia mental por si mesmo. Para isso, estique o respectivo dedo de uma das mãos ou de ambas, enquanto aperta os demais dedos para baixo, por meio do polegar.

Por falar nisso, essa mudra executada com o dedo médio esticado, que nos anos oitenta surgiu na América como um sinal de desprezo, e que também aqui teve ampla divulgação, considerado do aspecto energético, não é nada mais que uma admoestação, ainda que de indignação.

- Caso você deseje fortalecer ainda mais a percepção num dedo no qual a energia flui para o polegar (VA-9), e que por si mesmo já é expressivo, então seria pouco apropriado se tentasse aumentar a sua energia através de força vital adicional (VA-8). Em vez disso, você deveria dar impulsos adicionais ao fluxo de energia já existente, através do aumento da sua intensidade e da velocidade de fluxo no círculo polegar-ponta do dedo.

- Aquele que transforma a energia das suas mãos, com o fim de atingir um determinado objetivo, também dependente de fatores externos, necessita considerar que sua energia também age para fora, sobre o corpo mental da outra pessoa. Todavia, para que outros aceitem nosso interesse, é necessário que ambos estejam harmonizados. Para tal existem, basicamente, duas possibilidades: a concordância ou a complementação.

A harmonia é alcançada através do ajuste da sensibilidade de um ou de vários dos seus dedos, com a sensibilidade que está esperando do seu companheiro.

A perfeição é atingida através do aumento do estado energético dos seus dedos na medida em que os do parceiro são fracos, e da diminuição desse estado na medida em que os do parceiro são fortes. As pessoas de forte liderança, por exemplo, na maioria das vezes dispõem, no perfil energético da sua mão normal, de um dedo indicador positivo (VA-9) e de um dedo anular negativo (VA-8). Assim apresentam-se providas do necessário ardor, ao mesmo tempo que oferecem ao seu companheiro um ponto de contato para a identificação recíproca.

Aliás, o efeito da cura através da energia do chakra da mão também se baseia num princípio equivalente de compensação energética.

EXERCÍCIOS PARA O ESTÍMULO PSÍQUICO

Os exercícios e mudras que se seguem foram compilados com o intuito de lhe proporcionar as ferramentas para a simultânea aplicação prática, nas suas mãos, do conhecimento sobre a energia das mãos. Através desses exercícios você adquire os princípios e as condições para desenvolver modos de estímulo e de manipulação apropriados às suas necessidades pessoais, da mesma forma como ficará capacitado, por outro lado, a compor e aplicar mudras adequadas aos seus anseios espirituais.

Ao estudar e efetuar tais exercícios, você deve ainda atentar para os seguintes pontos:

1. O tempo de aplicação de uma mudra deveria situar-se entre dois e cinco minutos. Isso, naturalmente, só vale para as mudras estáticas. As mudras de movimentação possuem duração própria, inerente ao seu movimento. Outra exceção a essa regra são também as mudras espirituais, sobretudo aquelas que você forma para a sua meditação.

2. Efetue os exercícios somente quando estiver disposto e

quando as condições exteriores o permitirem. Interrompa o exercício, o mais tardar depois de um quarto de hora, caso não sentir a ocorrência de nenhum efeito.

3. Repita os exercícios, no máximo, seis vezes por dia.
4. Neutralize as suas mãos antes de cada exercício através de uma mudra de desvio.
5. Nas mudras espirituais, atente sobretudo para a sua respiração. A respiração abdominal é a mais correta. Nela, sua barriga se estende para fora, ao inspirar, e se encolhe durante a exalação. Se você necessita de uma "unidade de tempo", ao inspirar, levará duas unidades para exalar.

Como aumentar a energia do polegar

Esse exercício é, antes de tudo, importante para a manipulação dos dedos. Através dele, a força vital do polegar adquire mais intensidade, tornando mais forte o impulso do polegar ao ser encostado.

Entrelace os quatro dedos compridos de ambas as mãos na altura do peito, de modo que a palma da mão direita fique para fora e a da esquerda esteja voltada para o seu peito. Ao mesmo tempo, mantenha os braços paralelamente às mãos, como se quisesse separar os dedos vigorosamente. Nisso certamente poderá ocorrer um pouco de tensão. Estique o polegar esquerdo para cima e o direito para baixo.

Você sentirá, em seguida, uma energia fluindo da ponta dos polegares ao longo dos lados internos. Deixe essa energia fluir em seus polegares até começarem a pulsar.

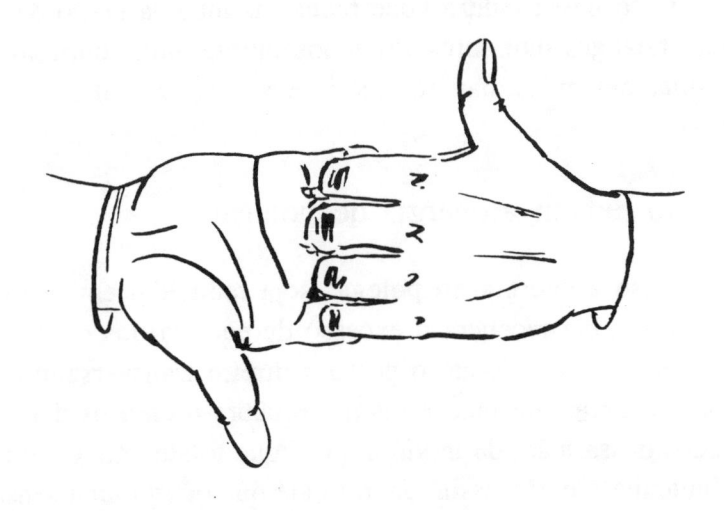

Interrompa então a mudra, pois os polegares agora já estão carregados.

A energia dos polegares pode, em seguida, ser enviada a cada um dos dedos. Conforme a meta desejada, de longa ou curta duração, mantenha o polegar esquerdo ou direito contra um dedo da mão oposta. Na maioria das vezes o que se deseja é um fortalecimento geral da sensibilidade dos dedos. Para isso, coloque a ponta do polegar sobre a polpa inferior do dedo, de modo a tocar simultaneamente no monte do dedo e na sua falange inferior. Desse modo, a energia do polegar flui para o dedo. Notará isso quando uma parte dessa energia se irradiar, de modo sensível, da ponta do dedo manipulado. Essa sensação assemelha-se à da energia fluindo no círculo polegar-ponta do dedo (VA-10). Mantenha essa mudra até sentir que o fluxo diminuiu e que o seu dedo está "saturado".

Caso nessa mudra você fechar as mãos a ponto de as duas falanges superiores dos dedos entrelaçados cobrirem as palmas das mãos, haverá uma intensificação total da força vital.

Como reduzir a energia do polegar

Caso a energia do polegar seja reduzida, em vez de estimular, ele receberá o excesso de energia dos dedos.

Para isso, coloque o polegar direito transversalmente sobre a palma da mão esquerda e cubra-o com os demais dedos dessa mão, de modo a que fique totalmente coberto. Mantenha-o então assim envolto até que ocorra uma sensação de ausência de forma no polegar, ou seja, como se o mesmo fosse um objeto estranho em sua mão. Depois de abrir a mão esquerda, poderá então formar a mudra para a redução da energia característica do dedo.

Em seguida, coloque novamente o polegar sobre a polpa inferior do respectivo dedo. Sentirá então uma energia fluindo da ponta do dedo e através do mesmo, até o polegar. Mantenha essa mudra até perder a sensação do fluxo de energia dirigido para baixo.

Essa mudra é aplicada para tirar um pouco da intensidade das respectivas características energéticas dos dedos. A energia não é forçosamente alterada, sobretudo numa aplicação única. Ao encostar, por exemplo, o polegar com energia já diminuída, na polpa do dedo indicador, você reduz sua vontade de agressão; ou, ao manter o polegar sobre o monte entre o dedo mínimo e o anular, essa mudra lhe proporciona, em casos de tensão, um tempo para respirar.

De qualquer modo, você deveria sempre apenas reduzir a sensibilidade dos dedos, através dessa mudra, na mão esquerda, pois do contrário poderá sofrer indisposições.

Caso você sinta, ao empregar a mudra, que a energia não está sendo extraída da falange superior do dedo, mas da falange média ou inferior, deverá imediatamente interromper a mudra, pois isso é um sinal de que o dedo, por si mesmo, já está enfraquecido. Reduzir a energia simultaneamente nos dois polegares somente é recomendado quando você necessitar de um momento de paz e relaxamento, devido à fadiga diária, para se recuperar.

Caso desejar manipular apenas uma única falange do dedo, por meio do polegar, você deverá massagear ligeiramente o monte do respectivo dedo, antes e depois de utilizar a mudra. Assim, a sua intenção ganha mais consistência e adapta-se melhor à sensibilidade dos dedos. Isso, aliás, também vale para as mudras que "aumentam" a energia do polegar.

Como fortalecer a capacidade de ação

Para fortalecer a sua capacidade de ação, carregue inicialmente o seu polegar por meio das mudras descritas anteriormente. Em seguida, coloque o polegar direito na metade superior do chakra da mão esquerda, entre a linha do coração e a linha da cabeça, e envolva-o com os cinco dedos da mão esquerda, enquanto os restantes quatro dedos da mão direita devem ser encostados no dorso da mão esquerda.

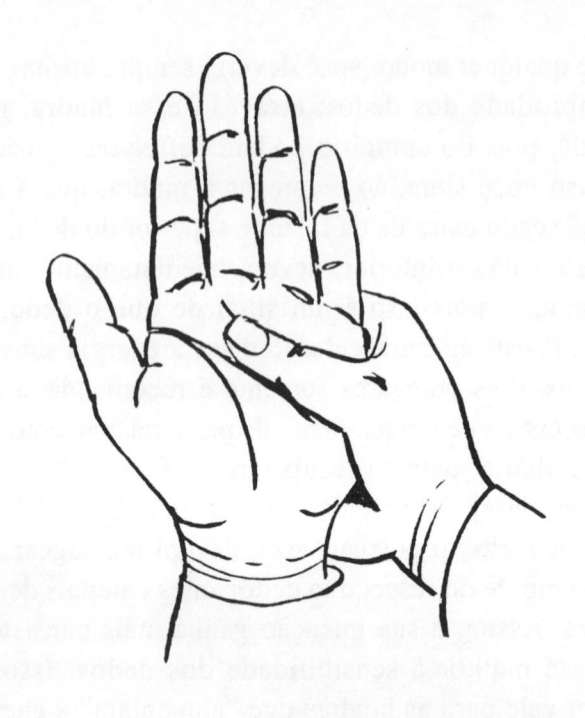

Outras mudras de manipulação

- "Para reduzir o medo", aperte alternadamente o polegar carregado sobre a falange média do dedo indicador e anular da mesma mão. Portanto, é possível fazer esse exercício nas duas mãos ao mesmo tempo, o que é bastante recomendado. As mudanças nos dedos deveriam acontecer em intervalos de três a cinco segundos.

- "Para apaziguar" a si mesmo e aos outros, reduza a energia do polegar esquerdo, mantendo-o em seguida contra as pontas do dedo médio e anular da mesma mão. Encoste o dedo indicador no dedo médio. O indicador naturalmente não deve tocar no polegar. O dedo mínimo, por sua vez, deve permanecer esticado.

Tão logo tenha formado essa mudra, notará um intercâmbio energético na falange superior do dedo mínimo esticado. Terá uma sensação de como se estivesse sendo enviada energia à superfície da unha, através das falanges do dedo. Mantenha essa mudra até que o fenômeno diminua.

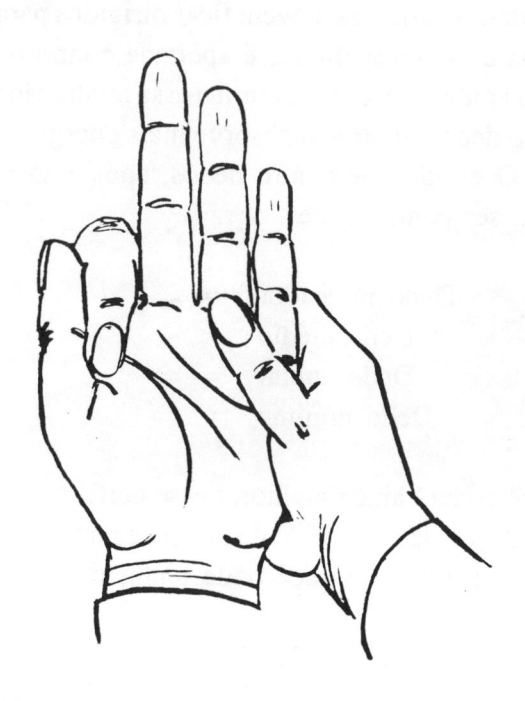

- "Dedicar-se totalmente a alguém ou a alguma coisa" é o que poucas pessoas conseguem. Você pode promover essa qualidade em si mesmo através da mudra seguinte.

Fortaleça inicialmente a sua força vital através da mudra mencionada anteriormente (vide página 108). Em seguida, dobre o dedo indicador da mão esquerda, de modo que a sua unha fique lateralmente encostada na falange inferior do polegar. Esse último, bem como os três dedos restantes, devem ficar dirigidos para frente. A polpa do polegar direito é apertada contra o monte do dedo anular esquerdo. Termine essa mudra tão logo notar que o dedo anular não absorve mais energia do polegar.

O estado dos quatro dedos, após essa mudra, deveria ser como segue:

$$
\begin{aligned}
\text{Dedo indicador} &= \sim \\
\text{Dedo médio} &= \sim \\
\text{Dedo anular} &= \triangle \\
\text{Dedo mínimo} &= \triangle
\end{aligned}
$$

Você poderá ainda melhorar esse perfil energético através da redução da força vital do seu polegar esquerdo. É algo um pouco difícil, que você pode tentar de duas maneiras:

1. Pela redução da energia do polegar esquerdo, antes de formar a mudra para a elevação da força vital. Nesse caso, é necessário que também interrompa essa mudra no mesmo instante em que o polegar direito começa a pulsar, a fim de que o polegar esquerdo não adquira energia em demasia.

2. Pela redução da energia do polegar esquerdo, após haver elevado a energia dos polegares. Você deverá atentar para a interrupção imediata da mudra da mão esquerda, para a redução da energia dos polegares, tão logo note reações no polegar direito, na maioria das vezes uma ligeira tração, principalmente na falange inferior do polegar.

O resultado, após o uso das mudras aqui descritas, seria o seguinte:

$$
\begin{aligned}
\text{Dedo indicador} &= \triangleright \\
\text{Dedo médio} &= \triangleright \\
\text{Dedo anular} &= \triangle \\
\text{Dedo mínimo} &= \triangle
\end{aligned}
$$

A sensibilidade normal desse estado de energia naturalmente não deverá ser inferior à energia reduzida dos dois primeiros dedos. Antes disso, essa energia deveria ser interpretada como a expressão de uma moderação submissa das energias subjetivas e objetivas a favor de uma dedicação amável e sem preconceitos.

• Através da "manipulação de cada falange dos dedos" você fortalece ou enfraquece a sensibilidade dos dedos, encostando o polegar fortalecido ou enfraquecido nas mesmas. Nesse caso, sempre encoste o polegar de modo transversal ao dedo, pois de outra forma poderia também influenciar a sensibilidade dos dedos das outras falanges ao mesmo tempo. De um modo geral, você pode assim manipular as seguintes características fundamentais:

	Falange inferior	Falange média	Falange superior
Dedo indicador	Auto-afirmação	Auto-realização	Auto-consciência
Dedo médio	Perseverança	Sentido de realidade	Virtude
Dedo anular	Sensação de prazer	Criatividade	Dedicação
Dedo mínimo	Esforço pelo sucesso	Eloqüência	Espiritua-lidade

- Por meio da tabela acima e juntamente com os perfis de energia que anotou na sua agenda, você também pode "compor mudras próprias e eficazes". De um modo geral, o desenvolvimento de mudras, quer sejam agora manipulativas ou estáticas, com a crescente confiança no modo de atuar da energia das mãos, deveria se tornar cada vez mais natural. Pois, por lidar continuamente com a energia das mãos, você de certa forma também desenvolve uma percepção para o respectivo estado energético momentâneo, ou seja, você desenvolve aos poucos uma sensibilidade para saber — também sem medir a energia das mãos — como e onde a energia mental age nos seus dedos e no chakra da mão.

Tente formar a sua própria mudra, bastante pessoal, destinada a lhe proporcionar força, entusiasmo e alegria de viver. Atente para a sua mão esquerda. Note os seus movimentos e sensações enquanto pensa simultaneamente no objetivo de fazer a mudra a ser criada. Você perceberá fisicamente a expressão da energia das mãos de múltiplas maneiras. Alguns dedos lhe transmitirão sensações de frio ou de calor, e outros se manifestarão através de ligeiras picadas ou de leve tração. Reaja a esses sentimentos movimentando sua mão e procurando uma posição na qual os sintomas já mencionados desapareçam e sua mão assim posicionada se aqueça por inteiro.

Desse modo, você também pode encontrar mudras para outros problemas que o afligem; muitas mudras são formadas pelas duas mãos em conjunto. A partir disso, ao compor uma mudra, atente principalmente para a expressão energética de ambas as mãos.

Por fim, desejo ainda mencionar neste ponto, que é possível desenvolver mudras, de modo análogo, também para outras pessoas, contanto que você seja suficientemente sensível para perceber, por si mesmo, os interesses dos outros.

A mudra solar

Com essa mudra você estimula a energia dos chakras e purifica, de certo modo, os canais da sua energia mental. Isso significa que você adquire vivacidade física e mental, bem como sensibilidade para os seus corpos energéticos e, a partir disso, também se abre de modo espiritual. Essa mudra deve ser feita, de preferência, pela manhã, após o banho, ou antes de uma meditação. Você pode executar a mudra solar sozinho ou em conjunto com alguém da mesma índole. Em todo o caso, deveria evitar a presença de pessoas não interessadas.

1. Sente-se no chão, na posição de meditar, e coloque as mãos abertas e com as palmas viradas para cima, em seu colo. A mão direita permanece em cima. Os polegares se tocam. Faça três respirações, concentrando-se no chakra da raiz. Este situa-se na base do corpo, entre o ânus e os órgãos sexuais.
2. Com a quarta respiração eleve as mãos a cerca de dois dedos acima do umbigo. A posição das mãos permanece inalterada. Respire novamente três vezes e concentre-se no chakra Manipura do plexo solar.
3. Com a quarta respiração, eleve as mãos um pouco mais, até o osso esterno. As mãos devem ficar dispostas de modo que os dorsos dos quatro dedos de ambas as mãos fiquem encostados um no outro, e que as palmas das mãos fiquem voltadas contra o seu peito. Os polegares permanecem juntos e dirigidos para cima. Mantenha as mãos contra o peito, de modo que o dedo médio e o anular toquem o osso esterno. Concentre-se agora no chakra do coração e faça três respirações.
4. Com a quarta respiração eleve as mãos, sem mudar a posição das mesmas, na altura dos olhos, de modo a poder olhar diretamente para as palmas das mãos. A pequena abertura entre o polegar e o dedo indicador fica, desse modo, mais ou menos na altura do terceiro olho,

o chakra Ajna. Concentre-se nesse ponto durante três respirações.

5. Novamente com a quarta respiração, eleve as mãos sobre a cabeça. A posição das mãos permanece inalterada, só que as pontas dos dedos apontam para baixo, em direção à fontanela, enquanto os polegares encostados um no outro apontam para trás. Faça novamente três respirações, concentrando-se ao mesmo tempo no chakra Sahashrara, o assim chamado Lótus de mil pétalas, ali situado.

6. Com a quarta respiração leve suas mãos a cerca de três dedos de largura abaixo do umbigo, até o chakra do baço. Mantenha as mãos novamente abertas, uma sobre a outra, diante da barriga; a mão direita fica em cima e os polegares encostados um no outro. Concentre-se durante três respirações nesse chakra.

7. Com a quarta respiração eleve as mãos, mantendo-as juntas, como se fosse rezar, para a sua laringe, o seu chakra Vishudda. Os polegares ficam dirigidos para dentro. Até esse momento, os polegares não devem ser separados. Para ficar seguro disso, você deveria, antes do início da mudra, segurar uma flor com ambos os polegares.

8. Concentre-se, durante três respirações, no chakra da laringe. Abra então as mãos, deixe a flor cair e mantenha as mãos separadas, como num ato de louvor, durante três respirações. Concentre-se nos chakras das mãos.

9. Junte novamente as mãos diante do chakra da laringe, deixando um espaço de um dedo entre o último e as suas

mãos. Comece então a formar um campo energético entre os chakras das mãos, seguindo o mesmo princípio descrito na página 29, como exercício de sensibilidade. Todavia, não separe o campo energético mais do que um palmo. Mantenha esse exercício por algum tempo. Notará que com isso o campo de energia fica mais denso. Caso você sinta que o campo energético entre as suas mãos não adquire mais substância, vire-o ligeiramente, como se tivesse um balão de borracha entre as mãos, para formar uma esfera.

10. Erga essa esfera junto ao nariz e inale-a, num só fôlego. Atente para o seu odor; assemelha-se ao do ozônio. Ao inalar, imagine a energia da esfera serpeando em suaves espirais, do lado dianteiro direito para o lado traseiro esquerdo, através dos seus chakras e descendo pela espinha dorsal até o chakra da raiz. Ao exalar, aperte a musculatura dos quadris e proporcione uma torção ao fluxo respiratório que se eleva, através do que ele novamente serpenteia, do lado esquerdo traseiro para o lado direito dianteiro, pelos seus chakras e pela espinha dorsal.

11. Após a inalação da esfera as suas mãos devem ficar com as palmas viradas para baixo, sobre as coxas. Os seus ombros devem ficar soltos e relaxadamente caídos. Permaneça por mais algumas respirações nessa posição e termine então a mudra solar.

O fato de os chakras, nessa mudra, não serem estimulados de baixo para cima, numa seqüência, encontra a sua motivação no aspecto atribuído aos dois últimos chakras envolvidos. O chakra sacral representa a força sexual e o chakra da laringe as faculdades mentais e intelectuais do ser humano. Ambos os chakras simbolizam, portanto, o contraste da natureza humana, mas que somente por meio da atuação harmônica em conjunto permitem a perfeição do ser humano. E exatamente esse ideal deve ser acentuado através dessa mudra, ou seja, levar o homem para a sua integralidade e nela fortalecê-lo.

As mudras mágicas

Entre as mudras psicológicas, psicossomáticas e espirituais, existe ainda uma outra categoria que não deve ser omitida neste ponto, ou seja, as mudras que atuam de forma mágica.

Em sua forma mais simples elas nos aparecem, como já foi mencionado no início deste livro, como gestos de ameaça e maldição. Além disso existem ainda as mudras de contato, através das quais se manifesta o desejo de transmitir força a alguma coisa, como por exemplo a um talismã ou amuleto. Tanto na magia branca como na magia negra é dedicada grande importância a essas mudras. Também nos ritos de cultos mágicos são usadas mudras para invocar determinadas forças, ou seja, para a transferência a outras dimensões espirituais.

Desejamos aqui mencionar uma mudra dessas pelo fato de apoiar, de modo eficaz, as viagens astrais praticadas em muitos círculos esotéricos. Como viagem astral deve ser compreendida a possibilidade de nos movermos, com uma parte do nosso corpo mental, o assim chamado corpo astral, que antes de tudo dirige e registra nossas experiências emocionais, tanto em sonhos como também no estado de transe, para fora do próprio corpo a fim de colher impressões. O objetivo de uma viagem astral pode ser tanto o nosso mundo como um mundo intermediário ou até mesmo um ponto no universo.

Assim, caso você deseje iniciar uma viagem astral, deveria antes elevar o estado energético dos quatro dedos compridos para o valor VA-10, fluindo dos polegares e dedos. Esse estado dos quatro dedos é sobretudo eficiente nas viagens astrais de ritos mágicos. Caso você eleve o estado energético de cada um dos dedos para VA-11, pulsando no círculo polegar-ponta do dedo, as suas experiências durante a saída do corpo serão de qualidade espiritual e meditativa. Após haver atingido o valor energético previsto em todos os quatro dedos, dirija as pontas dos dedos de uma das mãos sobre o chakra da outra mão. A ponta do polegar toca no lado exterior da falange superior do dedo indicador. Mantenha essa mudra até que se dissolva, de modo uniforme, por si mesma.

Mudras espirituais

As mudras espirituais existem, por princípio, em todas as religiões. Porém, em nenhum outro lugar tiveram tanto desenvolvimento e formação como no tantrismo hinduísta e no budismo esotérico. Aqui, através de uma mudra, um aspecto divino não é apenas representado, mas também eficazmente formado. A mudra torna-se assim uma expressão válida de mundos transcendentais. Tal expressão deve impressionar o adepto em forma de uma composição energética, e proporcionar-lhe aquela transcendência como um estado de ser. Essa mudra produz assim o impulso que tira a mente humana da sua limitação, para que se una ao Ilimitado.

A quantidade das diversas mudras espirituais é, mesmo para aquele que se ocupa intensivamente das mesmas, quase impossível de ser dominada. Uma das mais conhecidas deveria ser a mudra da "Abertura do Terceiro Olho" que, como ritual de iniciação de Bhagwan Shree Rajneesh, obteve consideração mundial naquela época. Todavia, neste ponto desejamos apresentar-lhe, da grande multiplicidade de mudras, duas delas, através das quais poderá tornar acessíveis os planos transcendentais.

- A "Mudra Prana-Apana" abre o corpo no plano físico, de modo evidente, para o acolhimento e o fluxo da força vital, o que, antes de tudo, tem um efeito positivo no seu estado geral de saúde. Mas ao mesmo tempo você também aumenta a sua sensibilidade espiritual através dessa mudra. A sua mente, de certa forma, amplia a sua sensibilidade transcendental.

A Mudra de Prana é formada com a mão direita segurando o polegar simultaneamente contra as pontas dos dedos anular e mínimo. Os outros dois dedos permanecem ligeiramente dobrados.

A Mudra de Apana é formada com a mão esquerda. Encoste o polegar nas pontas dos dedos anular e médio, ao mesmo tempo.

Com essas duas mudras você forma simultaneamente um circuito de energia cósmico, pois através da Mudra de Prana a energia penetra em você, e através da Mudra de Apana ela o abandona novamente. Caso você seja suficientemente sensível, poderá também perceber esse fluxo de energia fisicamente. Essas mudras você pode empregar, sem problemas, por até uma hora.

• Através da "Mudra de Iluminação" o praticante deverá despertar a natureza de Buda em seu interior. Nessa mudra, os dedos da mão direita envolvem o dedo indicador da mão esquerda. Os dedos da mão direita simbolizam, nesse caso, o ser humano completo e autoconsciente, no qual despertou a natureza de Buda. Nesse ser humano vibram os elementos que o formam: Terra, Fogo, Água, Ar e Éter, em absoluta harmonia. Esses elementos também são simbolizados pelos dedos da mão direita. A mão esquerda simboliza o estado de ser, como tal, e a criação que sempre se renova. No dedo indicador esquerdo a mente, a consciência mais elevada, como sexto elemento, encontra a sua forma simbólica. E só pelo fato de a mente se unir com a natureza de Buda do ser humano, animando-a, por assim dizer, de dentro para fora, fica interrompida a separação entre o Eu e o Você, e forma-se no ser humano o divino Ele.

Para essa mudra, feche inicialmente as duas mãos, mantendo os polegares envolvidos pelos dedos.

Segure então o punho esquerdo na altura do umbigo e estique o dedo indicador para cima. Em seguida,

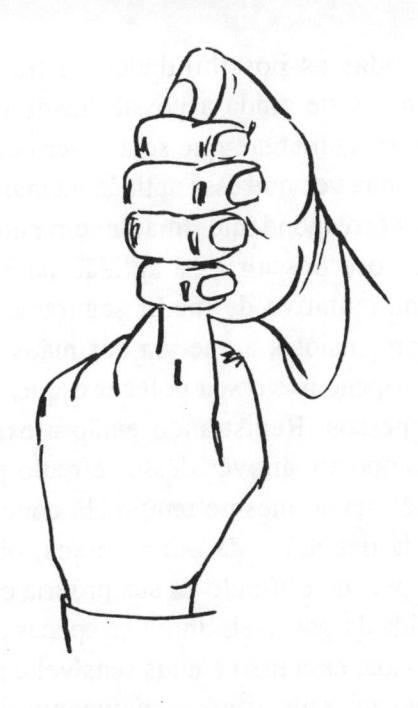

envolva o indicador esquerdo com o punho direito, de modo que o indicador empurre o polegar direito para cima, para finalmente ser coroado pelo mesmo. Com esse mudra você pode meditar até por meia hora.

Transferências de energia

A transferência da energia das mãos a outras pessoas não acontece somente através das mãos curadoras de alguém despertado para isso. Como já mencionamos várias vezes, você também pode transmitir sua energia das mãos de modo dirigido e objetivo aos seus semelhantes. Todavia, não são essas apenas todas as possibilidades de transferência da energia. Assim, existe ainda a possibilidade de transferência direta da energia mental, que será descrita como conclusão desta obra, uma vez que essa aptidão na maioria das vezes pressupõe um correspondente amadurecimento espiritual.

O fato de você possuir essa aptidão poderá ser verificado através da tentativa de medir seguramente, de modo simples e despretensioso, a energia das mãos do seu semelhante. Para isso, encoste o seu polegar esquerdo nas pontas dos dedos da pessoa. Registrando então a expressão energética do dedo oposto, através desse "círculo polegar-ponta do dedo", você está ao mesmo tempo em condições de estimular a energia das mãos da outra pessoa, obedecendo os mesmos princípios de estímulo da sua própria energia. Nesse caso e na medida do possível, limite-se apenas à mão esquerda da outra pessoa; essa mão é mais sensível e por isso reage mais facilmente aos seus esforços, o que, por outro lado, lhe proporciona menos gasto da sua própria energia.

Existem também, por sua vez, pessoas que — embora na maioria das vezes inconscientemente — absorvem a energia mental dos outros e, por esse motivo, apresentamos mais uma mudra simples para que se proteja desse tipo de "vampirismo". Esfregue os quatro dedos compridos no polegar e no monte do polegar da mesma mão. De modo geral, é suficiente executar essa mudra com a mão esquerda. Mas também poderá ser formada com as duas mãos ao mesmo tempo.

O efeito dessa mudra, de cinco minutos, tem uma duração de meio dia.

APÊNDICE

1. Existem diversos modelos de corpos energéticos que envolvem e permeiam o ser humano. A interpretação comum, de todos os modelos, é que o ser humano possui, além do corpo físico de matéria mais densa, um "corpo energético" sutil, através do qual ele se revela de modo espiritual, emocional e psíquico. As interpretações teosóficas, antroposóficas, hinduístas, tântricas, chinesas e esotéricas se diferenciam, na constituição desse corpo, segundo a quantidade dos diversos planos de energia. A idéia da expressão energética aqui descrita segue amplamente o sistema hinduísta do Tantra, no que naturalmente são levadas em consideração também as modernas concepções esotéricas. Segundo o exposto, existem três corpos energéticos, a saber:

— o corpo causal, que forma a aura propriamente dita, e que demonstra o ser espiritual do homem,

— o corpo mental, que muitas vezes também é chamado de corpo astral, e no qual se manifestam os aspectos psíquicos,

— o corpo bioenergético, também chamado de Duplo Etérico, que é formado, sobretudo, pelo aspecto salutar da pessoa, estando, a partir disso, estreitamente ligado ao corpo físico.

2. O sétimo chakra, denominado Sahashrara ou chakra coronário, situa-se acima da primitiva fontanela, fora do corpo.

3. O Lótus do monte do polegar brilha nas cores do chakra da raiz (Muladhara). No monte do dedo indicador o Lótus brilha na cor do chakra do umbigo (Manipura). O Lótus no monte do dedo mínimo brilha na cor do chakra da laringe (Vishudda), e o Lótus no monte externo da mão (monte da Lua) tem a cor do chakra sacral (Svadhistana).

4. Em alguns casos, mas também com uma percepção refinada, pode-se reconhecer, no círculo polegar-ponta do dedo, qualidades mistas de energia.

BIBLIOGRAFIA

Bohm, Werner. *Die Wurzeln der Kraft, Die Chakras: Kraft — und Bewusstseinszentren im Menschen*. Editora Goldmann, Munique, 1990.

Cohen, Sherry S. *Magie der Beruehrung, Die Wirkkraft im Umgang mit Mitmenschen und in der Heilbehandlung*. Editora Ariston, Genebra, 1989.

Franz, Willi. *Handbuch der Kirlianfotografie, Die Technik der Kirlianfotografie in Theorie und Praxis*. Editora Hannemann, Steimbke, 1987.

Haack, Friedrich Wilhelm. *Gotteskraft aus Menschenhaenden, Die japanischen Ki-Bewegungen; Arbeitsgemeinschaft fuer Religions- und Weltanschauungsfragen* (org.) Material-Edition 23, Munique, 1988.

de Kat, Angelino P./ de Kleen, Tyra. *Mudras auf Bali, Handhaltungen der Priester*. Editora Polkwang GmbH, Hagen i. W./Darmstadt, 1923.

Koenig, Georg/Wancura, Ingrid. *Neue chinesische Akupunktur, Lehrbuch und Atlas der Akupunktur- Punkte*. Editora Wilhelm Mandrich, 5ª edição, Viena, 1989.

Jagot, Paul-Clément. *Persoenlicher Magnetismus, Der Weg zu Ansehen und Einfluss*. Editora Hermann Bauer, Freiburg, 1979.

Li Jinxue/Wei Yuanping. *Chinese Manipulation and Massage - Chinese Manipulative Therapy* (CMT). International Academie Publishers/Pergamon Press, Beijing, 1990.

Lokesh, Chandra/Sharada Rani. *Mudras in Japan, Symbolic Hand-Postures in Japanese Mantrayana or the Esoteric Buddhism of the Shingon Denomation*, Nova Delhi, 1978.

Mala, Matthias. *Esoterisches Handlesen, Karma-Geisteskraft - Schicksal*. Editora Peter Erd, Munique, 1992.

Motoyama, Hiroshi/Brown, Rande. *Chakra Physiologie, Die subtilen Organe des Koerpers und die Chakra-Maschine.* Editora Aurum, 2ª edição, Freiburg i. Br., 1990.

Mueller, Brigitte/Guenther, Horst H. *Reiki, Heile dich selbst.* Editora Peter Erd, Munique, 1991.

Pandit, M.P. *Kundalini Yoga, Eine Kurze Zusam menfassung der "Schlangenkraft" von Sir John Woodroffe.* Editora Drei Eichen, Munique, 1968.

Ramm-Bonnwitt, Ingrid. *Mudras, Geheimsprache der Yogis.* Editora Hermann Bauer, 2ª edição, Freiburg i. Br., 1988. [Mudras- As mãos como símbolo do cosmos, Editora Pensamento, São Paulo, 1991].

Rodelli, Sofie. *Haendeuebungen als Heilgymnastik, Die Haende als Charakterbildner und Instrumente der Selbsthilfe.* Editora Drei Eichen, 5ª edição, Munique, 1987.

Saunders, Ernest Dale. *Mudra, A Study of Symbolic Gestures in Japanese Buddhist Sculpture.* Routledge & Kegan Paul Ltd., Londres, 1960.

Seidl, Christian. *Formen, Farben, Energien, Einfuehrung zur Hochfrequenz-Sofortbildfotografie.* Editora Stephanie Nagelschmid, Stuttgart, 1993.

da Silva, Kim. *Gesundheit in unseren Haenden, Mudras - die Kommunikation mit unserer Lebenskraft durch Anregung der Finger-Reflexzonen.* Droemer sche Verlagsanstalt Th. Knaur Nachf., Munique, 1991.

Staatliches Museum fuer Voelkerkunde Muenchen (orgs.) *Kunst des Buddhismus entlang der Seidenstrasse, Katalog zur Ausstellung in Rosenheim.* Editora Alois Knuerr GmbH, Munique, 1992.

Stuermer, Ernst. *Gesundheit in unserer Hand, Ein-fach und praktisch Heilen durch eigene Hand-Aku-pressur und Hand-Reflexzonenmassage.* Editora Herder, Freiburg i. Br., 1991.

MÃOS DE LUZ

Barbara Ann Brennan

Este livro é de leitura obrigatória para todos os que pretendem dedicar-se à cura ou que trabalham na área da saúde. É uma inspiração para todos os que desejam compreender a verdadeira essência da natureza humana.

ELISABETH KUBLER-ROSS

Com a clareza de estilo de uma doutora em medicina e a compaixão de uma pessoa que se dedica à cura, com quinze anos de prática profissional observando 5000 clientes e estudantes, Barbara Ann Brennan apresenta este estudo profundo sobre o campo energético do homem.

Este livro se dirige aos que estão procurando a autocompreensão dos seus processos físicos e emocionais, que extrapolam a estrutura da medicina clássica. Concentra-se na arte de curar por meios físicos e metafísicos.

Segundo a autora, nosso corpo físico existe dentro de um "corpo" mais amplo, um campo de energia humana ou aura, através do qual criamos nossa experiência da realidade, inclusive a saúde e a doença. É através desse campo que temos o poder de curar a nós mesmos.

Esse corpo energético — pelo qual a ciência só ultimamente vem se interessando, mas que há muito é do conhecimento de curadores e místicos — é o ponto inicial de qualquer doença. Nele ocorrem as nossas mais fortes e profundas interações, nas quais podemos localizar o início e o fim de nossos distúrbios psicológicos e emocionais.

O trabalho de Barbara Ann Brennan é único porque liga a psicodinâmica ao campo da energia humana e descreve as variações do campo de energia na medida em que ele se relaciona com as funções da personalidade.

Este livro, recomendado a todos aqueles que se emocionam com o fenômeno da vida nos níveis físicos e metafísicos, oferece um material riquíssimo que pode ser explorado com vistas ao desenvolvimento da personalidade como um todo.

Mãos de Luz é uma inspiração para todos os que desejam compreender a verdadeira essência da natureza humana. Lendo-o, você estará ingressando num domínio fascinante, repleto de maravilhas.

EDITORA PENSAMENTO

CURANDO COM AS MÃOS

Echo Bodine Burns

 Convencida de que toda pessoa pode canalizar a energia da cura, a autora nos transmite neste livro seus conhecimentos acerca do processo que usa para o restabelecimento da saúde de seus clientes, responde às perguntas mais freqüentes sobre a cura espiritual e discorre sobre os vários tipos de sofrimentos — físicos, emocionais e espirituais — que podem ser erradicados.

Em todo o livro, Echo corrobora o que diz através dos casos de cura comprovada e da sua própria experiência, que a levam a afirmar que *qualquer pessoa pode enviar energia curativa a outro ser, em qualquer lugar, a qualquer hora.* Ela conta como ajuda as pessoas que a procuram a lidar com a mudança radical que ocorre na transição de um estilo de vida "doentio" para outro repleto de bem-estar, ensinando-as a visualizar e a preparar-se para ter um corpo saudável e encorajando-as a enfatizar suas energias positivas de tal forma que não voltem a ficar doentes.

Em resumo, a autora ensina *que nenhuma doença é mais forte do que Deus* e declara *que todos somos canais para curar ao nosso próprio modo, quer usemos a medicina tradicional, a oração, a imposição das mãos, a meditação,* ou qualquer outro método que melhor se ajuste ao nosso jeito de ser.

Seu livro é sobre curar a si mesmo e aos outros; é, em última análise, um livro sobre o amor.

EDITORA PENSAMENTO

MÃOS QUE CURAM

J. Bernard Hutton

Este é um livro singular, redigido habilmente por um escritor de talento, sobre "cura espiritual". Ele narra a história real de milagres realizados pela cura espiritual através da devotada cooperação de dois homens: um famoso cirurgião clínico, William Lang, que viveu no século XIX e no início do século XX, conhecido por muitos médicos ainda vivos, e seu médium George Chapman, que dedica sua vida à mediunidade através da qual o Dr. Lang, como ele gosta de ser chamado, e seus colegas espirituais têm a possibilidade de pôr em prática forças curativas que não se encontram no âmbito do tratamento comum. A maioria dos médicos reconhece perfeitamente as limitações da sua capacidade para aliviar os sofrimentos e as doenças. Este livro, certamente, poderá ajudar a convencê-los da veracidade da cura espiritual e das suas potencialidades.

. . . .

Não existe nada neste livro que possa melindrar qualquer tipo de crença religiosa, ou mesmo a sua ausência. Nem tampouco há qualquer intenção de provocar emoções para delas se aproveitar. Tudo o que nele está relatado é uma apresentação de fatos comprovados.

Estou convencido de que os milagres aqui descritos não são fantasias da imaginação. Compreendo como é difícil para os médicos aceitarem aquilo que não é comprovado pelos métodos usuais de avaliação, mas este é um livro que poderá estimular bastante tanto médicos como pacientes para uma posterior e desapaixonada pesquisa. Quanto maior for o ceticismo inicial maior será a convicção final.

Não hesito em dizer que, a partir da minha própria experiência na profissão cirúrgica, aceito sem questionar que milagres podem ocorrer e, na realidade, ocorrem sob as condições tão honestamente apresentadas por J. Bernard Hutton em seu livro que, acredito, no devido tempo, será considerado como uma referência pioneira da até agora pouco conhecida "Ciência da Cura".

EDWARD TOWNLEY BAILEY,
cirurgião clínico ortopedista,
membro do Colégio de
Cirurgiões da Inglaterra.

EDITORA PENSAMENTO

SUAS MÃOS PODEM CURAR

Ric A. Weinman

Foto Cheryl J. Mason

O livro de Ric A. Weinman — *Suas mãos podem curar* — coloca ao alcance de todos métodos relativamente simples que ensinam como "canalizar" a energia interior para a cura das doenças em geral. Com base nos populares seminários do autor, os exercícios práticos aqui apresentados ensinam, ainda, como canalizar essa energia à distância e como extrair energia de cura de fontes da Natureza, como as cores, as plantas e os cristais.

O autor também ensina a arte de equilibrar a aura — na forma muito eficiente de purificar os chakras e de equilibrar o sistema neurofisiológico como um todo. Em Tucson, USA, onde mora, o autor fundou o *Circle of Inner Balance* (Círculo do Equilíbrio Interior), um centro de cura e de conscientização espiritual.

EDITORA PENSAMENTO

A MÃO GENEROSA DE DEUS:
A Magia e o Mistério da Mente Inconsciente

Michael Gellert

"O verdadeiro valor deste livro não está na prosa serena e lúcida de Michael Gellert, tampouco na profundidade de suas interpretações, mas sim na força das diversas histórias pessoais que contém. Elas constituem os inegáveis *fatos da experiência* com os quais a psicologia e a religião devem lidar; elas nos mobilizam e nos fazem saber que a Alma ainda está ativa."

George R. Elder, Ph.D., editor nacional do ARAS
(Archive for Research in Archetypal Symbolism).

"Michael Gellert deu uma contribuição muito bem acolhida ao campo do comportamento e da espiritualidade humana. *A Mão Generosa de Deus* é um livro envolvente, profundo e lúcido. Nele o autor examina as complexas questões da existência de uma inteligência superior, de experiências pré-cognitivas, das descobertas da física moderna num contexto de luminosa beleza e utilidade. O leitor ficará impressionado com as originais percepções de Gellert quanto aos mecanismos do inconsciente humano."

Selwyn Mills, Ph.D., gestalt-terapeuta,
autor de *The Odd Couple Syndrome*.

* * *

Michael Gellert fez mestrado em Estudos Religiosos e em Serviço Social. Estudou com Marshall McLuhan na Universidade de Toronto e realizou um treinamento Zen com o mestre Koun Yamada no Japão. Ele tem trabalhado e viajado intensamente pela Ásia. Michael Gellert ensina Psicologia e Religião no Vanier College (Montreal), no Hunter College (City University of New York) e no College of New Rochelle. Atualmente exerce a prática da psicoterapia em Los Angeles e estuda no C. G. Jung Institute.

EDITORA PENSAMENTO

Peça catálogo gratuito à
EDITORA PENSAMENTO
Rua Dr. Mário Vicente, 374 – Fone: 272-1399
04270-000 – São Paulo, SP